Mathematik

Gymnasiale Oberstufe

Nordrhein-Westfalen

Einführungsphase

Lösungen

Herausgegeben von

Dr. Anton Bigalke   Dr. Norbert Köhler

Erarbeitet von

Dr. Anton Bigalke
Dr. Norbert Köhler
Dr. Horst Kuschnerow
Dr. Gabriele Ledworuski

unter Mitarbeit der Verlagsredaktion
und Beratung von

Prof. Dr. Andreas Büchter, Dortmund
Gerhard Lowinski, Ratingen
Dr. Christian Wahle, Meschede

Cornelsen

Umschlagfoto: © Düsseldorf Marketing & Tourismus GmbH

In den Marginalien wird die Seitennummer der Aufgabenstellung im Lehrbuch angezeigt. Beispiel: 10

www.cornelsen.de

1. Auflage, 3. Druck 2016

Alle Drucke dieser Auflage sind inhaltlich unverändert und können im Unterricht nebeneinander verwendet werden.

Druck: H. Heenemann, Berlin

ISBN 978-3-06-041915-9

PEFC
PEFC/04-31-1156

PEFC zertifiziert
Dieses Produkt stammt aus nachhaltig bewirtschafteten Wäldern und kontrollierten Quellen.

www.pefc.de

Inhalt

I. Lineare und quadratische Funktionen
1. Reelle Funktionen

10 1. a) Keine Funktion, denn der 7 wird 6 und 8 zugeordnet.
b) Unter drei folgenden Zahlen ist genau eine durch 3 teilbar, also liegt eine Funktion vor.

12 2. a) $f(x) = x^2$, $D = \mathbb{R}^+$, $W = \mathbb{R}^+$ b) $f(x) = \frac{10}{x}$, $D = \mathbb{R}^+$, $W = \mathbb{R}^+$

c) $f(r) = 2\pi r$, $D = \mathbb{R}^+$, $W = \mathbb{R}^+$ d) $f(x) = \sqrt{\frac{x}{\pi}}$, $D = \mathbb{R}^+$, $W = \mathbb{R}^+$

3. $D = \mathbb{R}$, $W = \mathbb{R}$ $D = \mathbb{R}$, $W = [-1;\infty)$ $D = W = \mathbb{R} / \{0\}$ $D = \mathbb{R}_0^+$, $W = \mathbb{R}_0^+$

a)
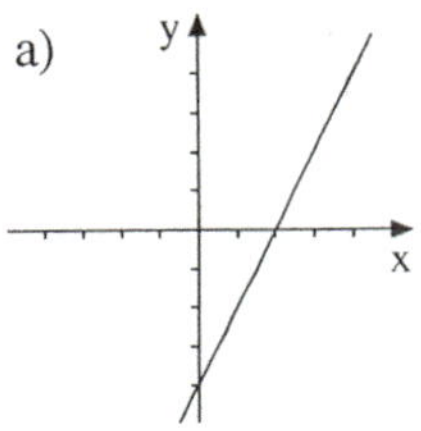

b)
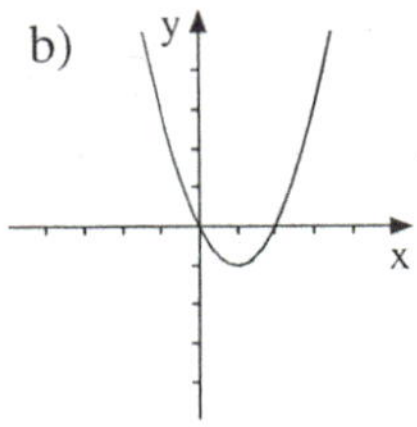

c)
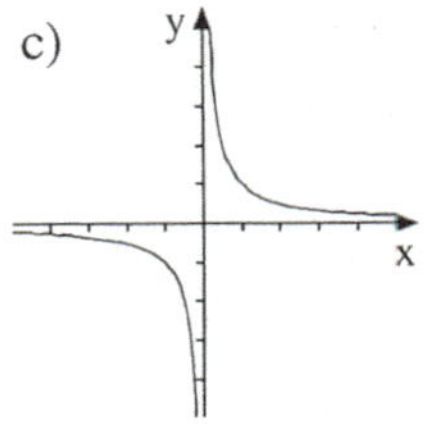

d)
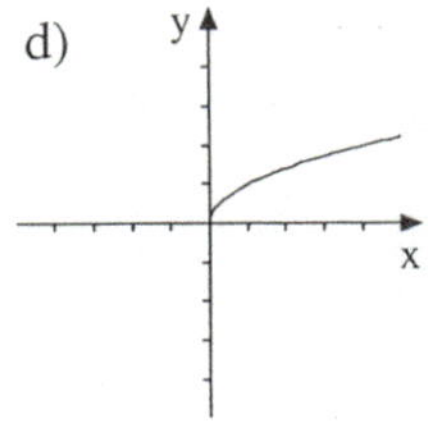

$D = \mathbb{R} / \{2\}$, $W = \mathbb{R} / \{0\}$; $D = \mathbb{R} / \{0\}$, $W = \mathbb{R}^+$; $D = [4;\infty)$, $W = \mathbb{R}_0^+$; $D = \mathbb{R}$, $W = \mathbb{R}_0^+$

e)
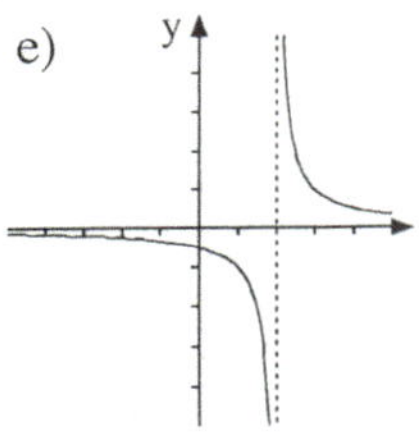

f)
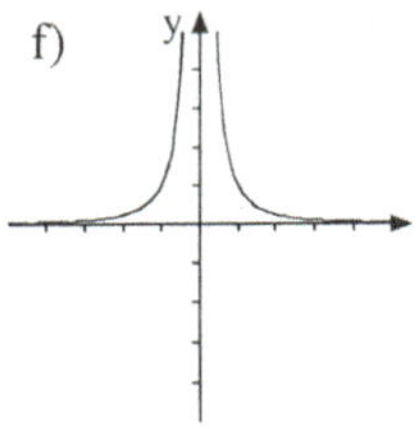

g)
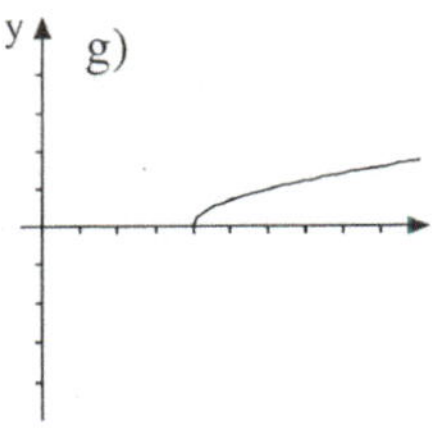

h)
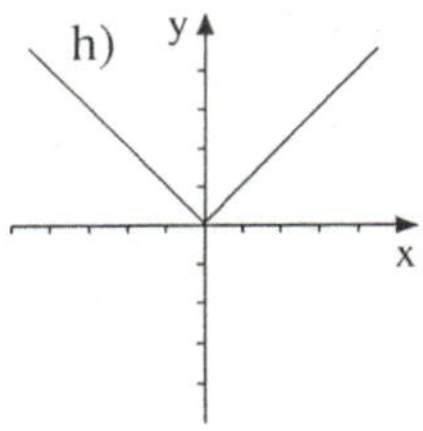

4. a) Länge: $11000 - 2000 = 9000$ m
b) 2000 m
c) Höhendifferenz: 3000 m ; Entfernung: $d = \sqrt{5000^2 + 3000^2} \approx 5831$m
d) $W = [1000;7000]$
e) $m = \frac{7000-4000}{9000-4000} = \frac{3000}{5000} = 60\%$

5. I → E, II → B, III → D, IV → F, V → C, VI → A

13 6. Funktionen sind: A, C, E
keine Funktionen sind: B, D, F, G, H

13

7. a) Die Fahrt begann um 13.00 Uhr.
Sie dauerte 6 Stunden.
Die Höchstgeschwindigkeit betrug 90 km/h (ca. 17.00 Uhr).
Die Pause betrug 30 Minuten.

b) Lediglich im Zeitraum von ca. 17.15 Uhr bis ca. 18.00 Uhr wurde mehrfach zum Still stand gebremst, also ist lediglich hier eine Großstadtfaht zu vermuten.
Die hierbei gefahrene Spitzengeschwindigkeit lag mit ca. 40 km/h deutlich unter der zulässigen Höchstgeschwindigkeit von 50 km/h.

c) Zwischen 13 und 15 Uhr betrug die durchschnittliche Geschwindigkeit ca. 70 km/h. Damit wurden ca. 140 km zurückgelegt.
Zwischen 14 und 17.30 Uhr wurden ca. $1{,}5 \cdot 70 + 0{,}5 \cdot 0 + 1{,}25 \cdot 80 + 0{,}25 \cdot 30 = 212{,}5$ km in 3,5 Stunden zurückgelegt. Das entspricht einer Durchschnittsgeschwindigkeit von ca. 61 km/h.

2. Lineare Funktionen

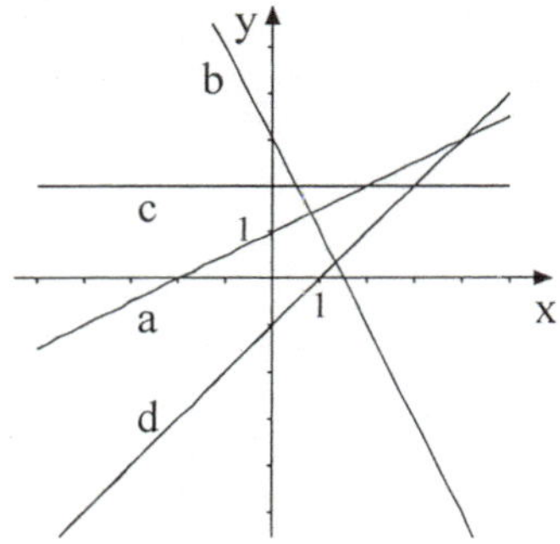

14 1. a) $m = 0{,}5$; bei $y = 1$ bzw. bei $x = -2$
b) $m = -2$; bei $y = 3$ bzw. bei $x = 1{,}5$
c) $m = 0$; bei $y = 2$ bzw. überhaupt nicht
d) $m = 1$; bei $y = -1$ bzw. bei $x = 1$

15 2. a) $m = 0{,}5$ b) $m = -2$
c) $m = 0$ d) $m = 1$

3. b)c) f: $m = \frac{1}{2}$

g: $m = \frac{3}{2}$

h: $m = \frac{-1}{3}$

a)

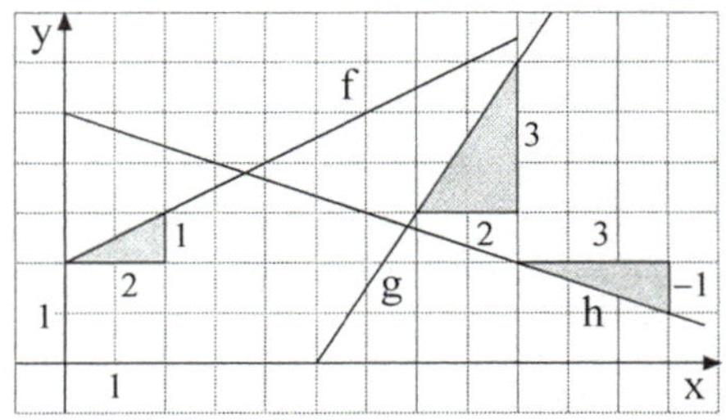

4. $\frac{\Delta y}{\Delta x} = \frac{f(x_1)-f(x_0)}{x_1-x_0} = \frac{mx_1+n-(mx_0+n)}{x_1-x_0} = \frac{mx_1-mx_0}{x_1-x_0} = \frac{m(x_1-x_0)}{x_1-x_0} = m$

16 5. a) $f(x) = -3x + 5$
b) $m = -\frac{5}{2}$

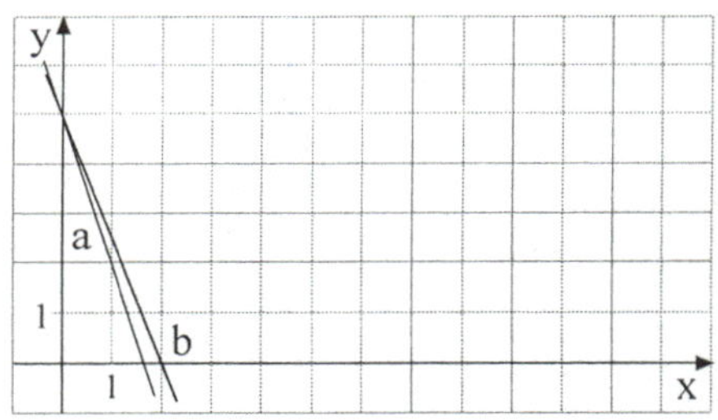

17 6. a) $f(x) = \frac{20-5}{8-3}(x-3) + 5 = 3x - 4$

b) $f(x) = \frac{7-3}{8-0}(x-0) + 3 = \frac{1}{2}x + 3$

c) $f(x) = \frac{2a-a}{a+2-a}(x-a) + a = \frac{a}{2}x - \frac{a^2}{2} + a$

7. a) Gemeinsamer Punkt 18
   P(0|-1)

   b) Parallele Geraden
   Steigung: -1

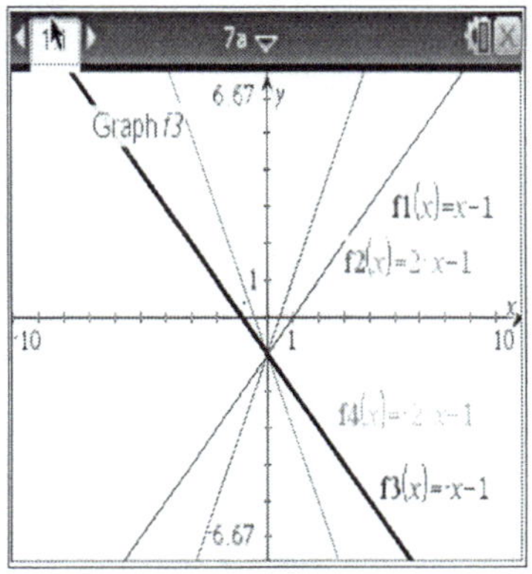

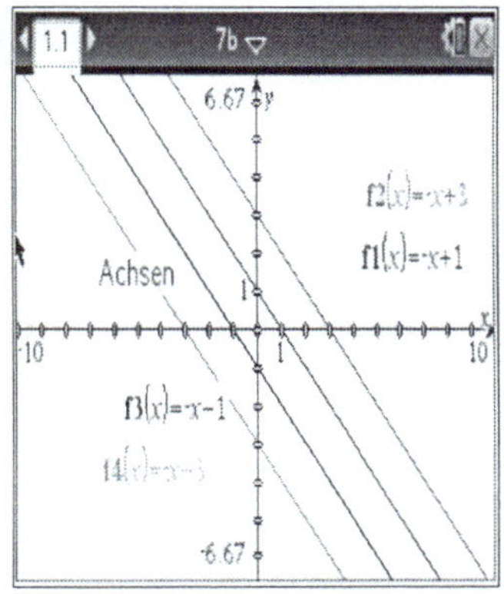

   c) Gemeinsamer Punkt
   P(4|0)

   d) Gemeinsamer Punkt
   P(4|2)

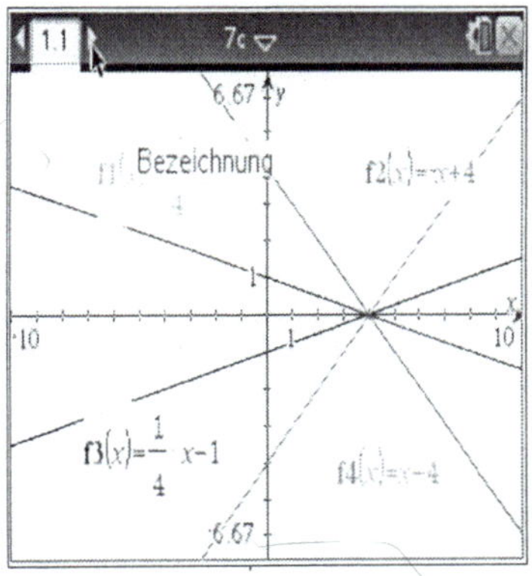

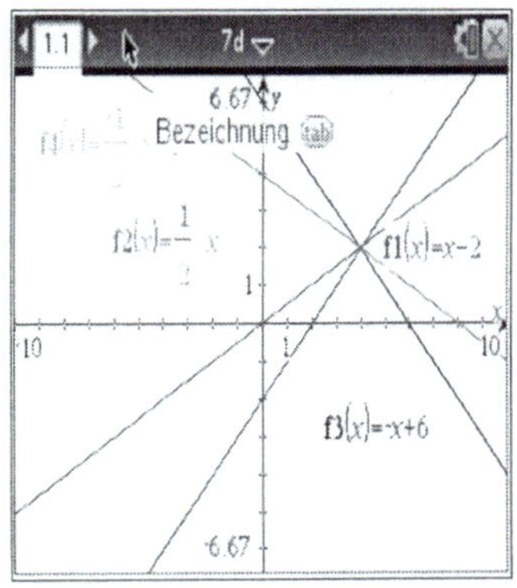

8. a) P(0|-1)
   b) P(-1|2)
   c) P(-0,5|1)

9. $f_{-1}(x) = -x = g_{-1}(x)$

10. a) $f(x) = 2x + 3$ 19

   b) $f(x) = \frac{5}{8}x - \frac{3}{2}$

   c) $f(x) = -\frac{1}{2}x + \frac{3}{2}$

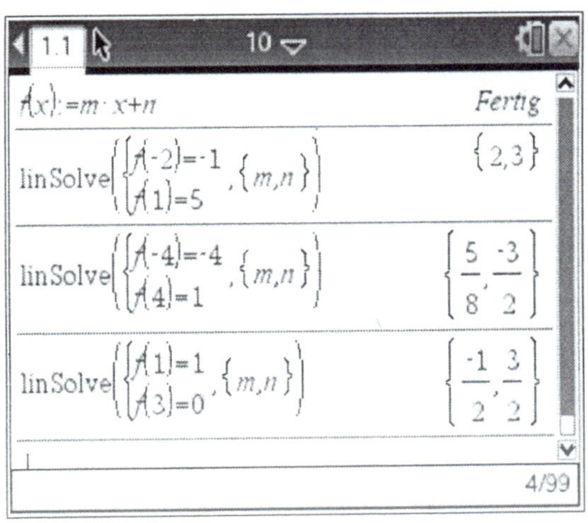

23 11. a) $x_0 = 0{,}5$ b) $y_0 = 0$ c) $x_0 = 4{,}5$

12. a) fallend b) weder noch
c) steigend d) steigend
e) fallend f) weder noch

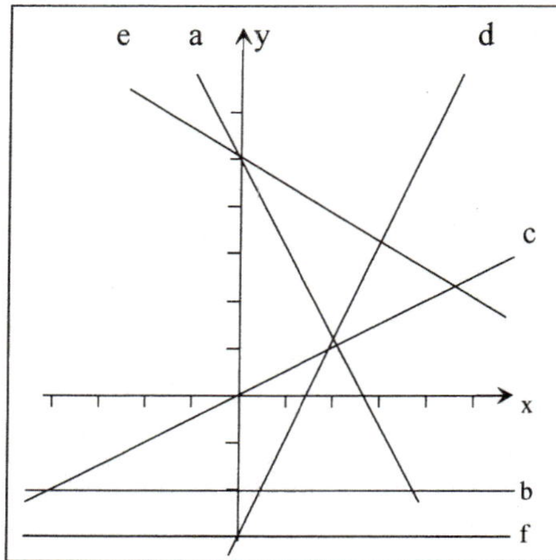

13. a) $y = 3x+3$ b) $y = 0{,}5x+1$
c) $y = -x+2$ d) $y = 3$
e) $y = -\frac{1}{5}x+1$

14. a) $m = 2$ b) $m = 1$

15. a) $y = 3x-1$ b) $y = -2x+1$
c) $y = -\frac{1}{2}x + \frac{7}{12}$

16. a) $y = 3x+5$ b) $y = \frac{1}{3}x$ c) $y = 2$
d) $y = \frac{6a-1}{2a-1}x - \frac{4a}{2a-1},\ a \neq \frac{1}{2}$ e) $y = -x+1$ f) $x = 3$

17. a) $m = \pm\sqrt{3}$ b) $y \approx 0{,}36x - 0{,}72$ oder $y \approx -0{,}36x + 0{,}72$ c) $\alpha \approx 111{,}8^\circ$

18. $y(x) = \frac{4-5}{6-8}(x-8)+5 = \frac{1}{2}(x-8)+5 = 0{,}5x+1$
Berggipfel: $y(1) = 1{,}5$ kein Kollisionskurs
Wetterballon: $y(-2) = 0$, also Kollisionskurs

24 19. a) $f(x) = g(x)$: $x = -4{,}5$; $y = -5{,}5$ Schnittpunkt $S(-4{,}5|-5{,}5)$
$m_f = 1 \Rightarrow \alpha = 45^\circ$, $m_g = 3 \Rightarrow \beta \approx 71{,}6^\circ \Rightarrow \gamma \approx 26{,}6^\circ$

b) $f(x) = g(x)$: $x = 0{,}5$; $y = 2$ Schnittpunkt $S(0{,}5|2)$
$m_f = 2 \Rightarrow \alpha \approx 63{,}4^\circ$, $m_g = -2 \Rightarrow \beta \approx 116{,}6^\circ \Rightarrow \gamma \approx 53{,}2^\circ$

c) $f(x) = g(x)$: $x = 1$; $y = 1$ Schnittpunkt $S(1|1)$
$m_f = 1 \Rightarrow \alpha = 45^\circ$, $m_g = -1 \Rightarrow \beta = 135^\circ \Rightarrow \gamma = 90^\circ$

25 20. a) Schnittpunkt $S(4|2)$, Schnittwinkel: $\alpha \approx 26{,}6^\circ$, $\beta = -45^\circ \Rightarrow \gamma \approx 71{,}6^\circ$
b) Schnittpunkt $S(3|3)$, Schnittwinkel: $\alpha = 45^\circ$, $\beta = 18{,}4 \Rightarrow \gamma \approx 26{,}6^\circ$
c) Schnittpunkt $S(2|2)$, Schnittwinkel: $\alpha = 63{,}4^\circ$, $\beta = 153{,}4^\circ \Rightarrow \gamma = 90^\circ$

21. a) $f(x) = -1{,}5x + 140$
b) $f = g$: Bei $S(60|50)$ könnte Wasser gefasst werden.
c) $|OS| = \sqrt{36+81} \approx 10{,}81\text{km}$, bei 5km/h dauert das ca. 2,16 Stunden.
$|TS| = \sqrt{5200} \approx 72{,}11\text{km}$, bei 30km/h dauert das ca. 2,4 Stunden.
d.h. die Karavane erreicht den Schnittpunkt rechtzeitig.
d) $m_f = -1{,}5 \Rightarrow \alpha \approx 123{,}7^\circ$, $m_g = 2/3 \Rightarrow \beta \approx 33{,}7^\circ \Rightarrow \gamma = 90^\circ$

22. Winkel zur Horizontalen: linke Dachfläche: $m = 1{,}5 \Rightarrow \alpha \approx 56{,}3°$ 25

obere Dachfläche: $m = \frac{1}{3} \Rightarrow \beta \approx 18{,}4°$

Winkel bei B und D: $\gamma' = |\alpha - \beta| \approx 37{,}9°$

Die Winkel bei B und D betragen $\gamma \approx 180° - 37{,}9° = 142{,}1°$

23. a) Die Gerade g hat die Steigung $m = \frac{1}{3}$ und ist daher nicht orthogonal zu f. 27
b) $g(x) = 5x$
c) Ansatz: $g(x) = -2x + n$; Punktprobe: $1 = -4 + n$, also $n = 5$: $g(x) = -2x + 5$
d) Ansatz: $g(x) = -x + n$; Punktprobe: $3 = -1 + n$, also $n = 4$: $g(x) = -x + 4$

24. f,g: $S(-7{,}5|-25)$, f, h: $S(-3|-7)$, f, i: $S(0|5)$, f, j: $S(-2|-3)$ 28
g, h: parallel, g, i: $S(2{,}5|-5)$, g, j: parallel
h, i: $(1|1)$, h, j: parallel
i, j: $S(\frac{2}{3} \mid \frac{7}{3})$

25. a) $S(-1|-5)$, $\gamma \approx 12{,}5°$
b) $S(-\frac{2}{3} \mid 2)$, $\gamma \approx 108{,}4°$
c) parallel
d) $S(0|1)$, $\gamma = 90°$

26. a) $f(x) = 6(x-1)+3 = 6x - 3$
b) $f(x) = 0{,}5(x-1)+2 = 0{,}5x + 1{,}5$
c) $f(x) = \frac{1}{11}x$

27. a) $m_g = \frac{1}{3}$, f und g sind nicht orthogonal.
b) $m_f = \frac{2}{3}$, $m_g = -\frac{3}{2}$, f und g sind orthogonal.

28. A $\to$ IV, B: $f(x) = -x+5 \to$ III, C: $f(x) = 3x-1 \to$ VI, D $\to$ I
E: $f(x) = 3x-6 \to$ II, F: $f(x) = -0{,}75x+4 \to$ V

29. a) $P_2(x) = 5 + 0{,}8x$
$P_T(x) = 10 + 0{,}4x$
$P_V(x) = 2x$
b) Vodi ist für $[0; \frac{25}{6}]$ am günstigsten.
2+2 ist für $[\frac{25}{6}; 12{,}5]$ am günstigsten.
Telia ist für $x \geq 12{,}5$ am günstigsten.

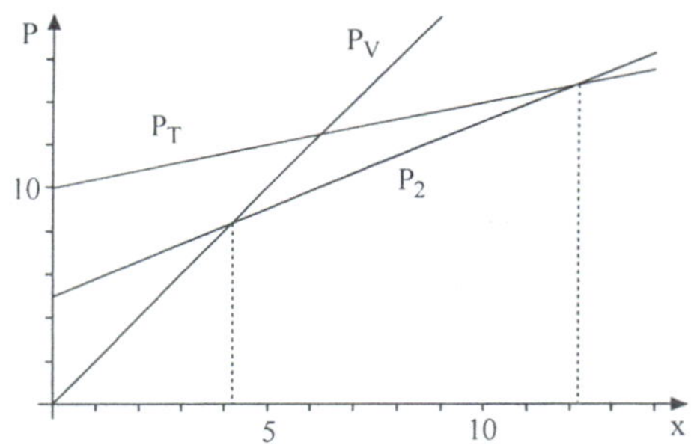

29 30. a) Nullstelle: $x_0 = 15$, $\tan^{-1}(-\frac{1}{3}) \approx -18,43$, $\Rightarrow \alpha \approx 161,57°$

b) f = g: S(4,5|3,5), $\tan^{-1}(1) = 45°$ $\Rightarrow$ $\gamma' \approx 116,57$ $\Rightarrow$ $\gamma \approx 63,43°$

c) h(x) = 3x ist orthogonal zu f.

31. b) $-3 \cdot 3,5 + 0,5 = -10 \neq 12$ $\Rightarrow$
P liegt nicht auf f.

a)

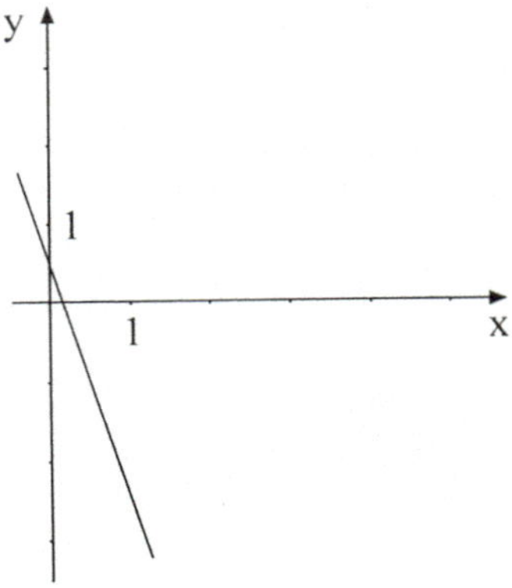

c) $8 = -3 \cdot x_0 + 0,5$ $\Rightarrow$ $x_0 = -2,5$

$y_0 = -3 \cdot (-2) + 0,5$ $\Rightarrow$ $y_0 = 6,5$

d) $g(x) = -3(x+3) = -3x - 9$

32. a) $f(x) = 3x - 9$ b) $x_s = 3$, $y_s = -9$

c) M(3|0)

d) Steigungswinkel: $\alpha \approx 71,57°$
ist gleichzeitig Schnittwinkel mit der x-Achse
Schnittwinkel mit der y-Achse: $\gamma_y \approx 18,43°$

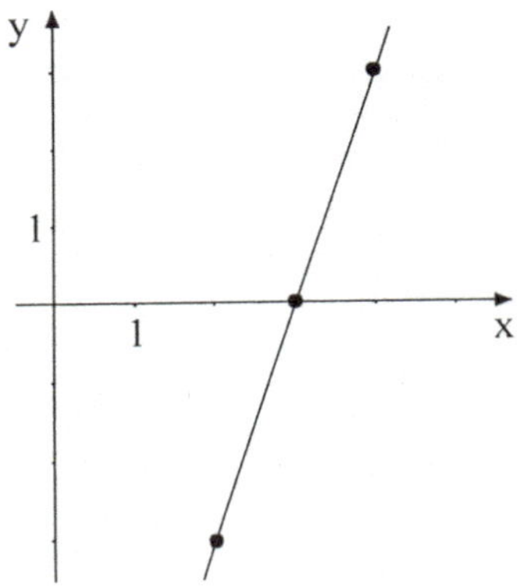

33. a) Aus $y^2 + 4^2 = 25$ folgt y = 3.

b) $f(x) = \frac{3}{4}x + 3$ c) $A = \frac{1}{2} \cdot 4 \cdot 3 = 6$

34. Flugbahn: $h(x) = \frac{-5}{-6}(x - 3) + 1 = \frac{5}{6}x - \frac{3}{2}$, g = h: $P_3(\frac{1}{2}|-\frac{1}{4})$

35. a) Schnittpunkt der Mittelsenkrechten:
$M_{AB}(6|3)$, m = −2
$f(x) = -2(x-6)+3 = -2x + 15$
$M_{BC}(10|7)$, m = 0, g(x) = 7
Resultat: M(4|7)

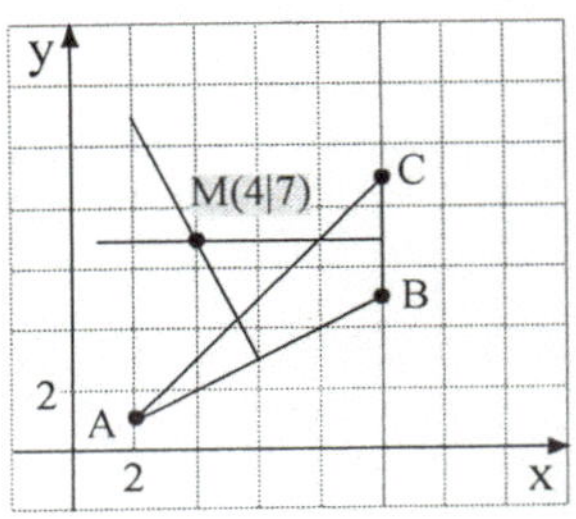

b) Nein, denn es ist der Zeichnung zu entnehmen, dass der Mittelpunkt der Strecke AC: $M_{AC}(6|5)$ zwar nicht gleich weit aber näher zu allen drei Dörfern liegt:

$d(A, M_{AC}) = d(C, M_{AC}) = \sqrt{32} \approx 5,66$, $d(B, M_{AC}) = 4$

Dagegen beträgt die gleichweite Enfernung aller 3 Dörfer zu M(4|7) d = $\sqrt{40} \approx 6,32$.
Wählt man P(7|4), so betragen die Entfernungen

$d(A, P) = d(C, P) = \sqrt{34} \approx 5,83$, $d(B, P) = \sqrt{10} \approx 3,16$

also ist hier die Entfernungssumme sogar noch etwas geringer.

3. Quadratische Funktionen

1. b) $x^2 = 6$ gilt für $x \approx \pm 2{,}45$ 30

a)
c)

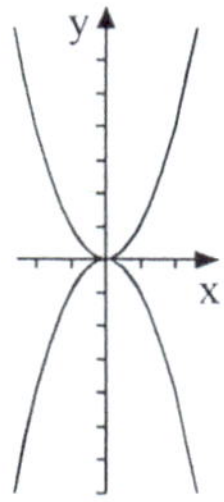

2. $g(x) = x^2 - 2$ 31

3. a) $g(x) = x^2 + 7$ b) $g(x) = x^2 - 3$
   c) $g(x) = x^2 - 20$ d) $g(x) = x^2 + 2a + 1$

4. Die Normalparabel wurde um 5 in negativer x-Richtung verschoben.
   Wegen $x^2 - 2x + 1 = (x-1)^2$ gilt S(1|0).
   Wegen $2{,}25 = 1{,}5^2$ führt eine Verschiebung der Normalparabel um 1,5 sowie um 4,5 zu je einer Funktion durch P: $g_1(x) = (x-1{,}5)^2$, $g_2(x) = (x-4{,}5)^2$.

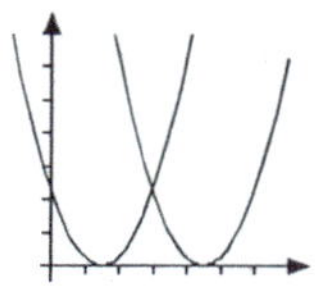

5. a) $f(x) = (x - \frac{1}{2})^2 + 3{,}75$, $S(\frac{1}{2} \mid 3{,}75)$ 32
   b) $f(x) = (x + \frac{b}{2})^2 + c - \frac{b^2}{4}$, $S(-\frac{b}{2} \mid c - \frac{b^2}{4})$

6. $f(x) = (x-1)^2 - 3$, $g(x) = (x+2{,}5)^2 - 4{,}5$
   f wurde um –3,5 in x-Richtung und um –1,5 in y-Richtung verschoben.

7. I → E, II → D, III → A, IV → F, V → C, VI → B 33

8. a) $f(x) = 3(x+1)^2 - 6$ b) $f(x) = -3(x-2)^2 + 12$ 34
   c) $f(x) = 0{,}5(x-3)^2 - 2{,}5$ d) $f(x) = -4(x-0{,}5)^2 - 8$

9. $f(x) = (x+2)^2 - 1$
   $g(x) = -2(x-1)^2 + 2$
   $h(x) = -\frac{1}{4}(x - 5)^2 + 1$

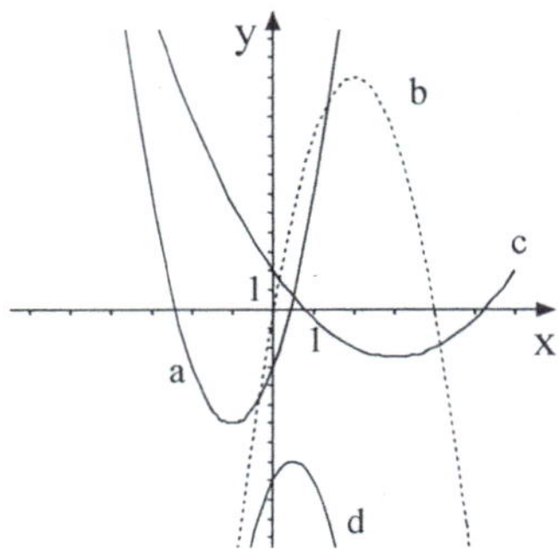

10. 35

	Scheitelpunkt	Streckung	Spiegelung	x-Verschiebung	y-Versch.
a)	$f(x) = -2(x+3)^2 + 2$, S(–3|2)	2	ja	–3	2
b)	$f(x) = -\frac{1}{4}(x + 2)^2 + 3$, S(–2|3)	$\frac{1}{4}$	ja	–2	3
c)	$f(x) = (x+1)^2 - 4$, S(–1|–4)	nein	nein	–1	–4
d)	$f(x) = (x-3)^2 - 2$, S(3|–2)	nein	nein	3	–2
e)	$f(x) = 2(x-3{,}5)^2 - 6{,}5$, S(3,5|–6,5)	2	nein	3,5	–6,5
f)	$f(x) = 2(x-3{,}5)^2 - 8{,}5$	2	nein	3,5	–8,5

11. $f(x) = -\frac{1}{4}(x - 5)^2 + 4$: Stauchung um $\frac{1}{4}$, Spiegelung, Verschiebung um 5 in x- und 4 in y-R.

12. a) $g(x) = -0{,}25(x-3)^2$ 37
    b) vertikale Streckung: $2f(x) = x^2 - 2$, Linksverschiebung: $(x+2)^2 - 2 = x^2 + 4x + 2$
    Spiegelung an der y-Achse: $(-x)^2 - 4x + 2$
    Resultat: $g(x) = x^2 - 4x + 2$
    c) horizontale Stauchung: $f(2x) = (2x-1)^2 = 4x^2 - 4x + 1$, Verschiebung: $4(x-1)^2 - 4(x-1) + 1$
    Resultat: $g(x) = 4x^2 - 12x + 9$

37 13. I → E, II → A, III → D, IV → B, V → C

38 14. a) $g(x) = (x+3)^2$, S(−3|0) b) $g(x) = (x-1{,}1)^2$, S(1,1|0) c) $g(x) = (x-4{,}5)^2$, S(4,5|0)

15. a) $f(x) = (x-2)^2 - 5$, S(2|−5) b) $f(x) = \mathbf{x^2+6x+3} = (x+3)^2-6$, S(−3|−6)
c) $f(x) = (x-4{,}5)^2 - 0{,}25$; S(4,5|−0,25)

16. a) $f(x) = (x-0{,}5)^2+5$
b) $f(x) = (x+0{,}5)^2-0{,}25$
c) $f(x) = (x+11)^2-1$

16.

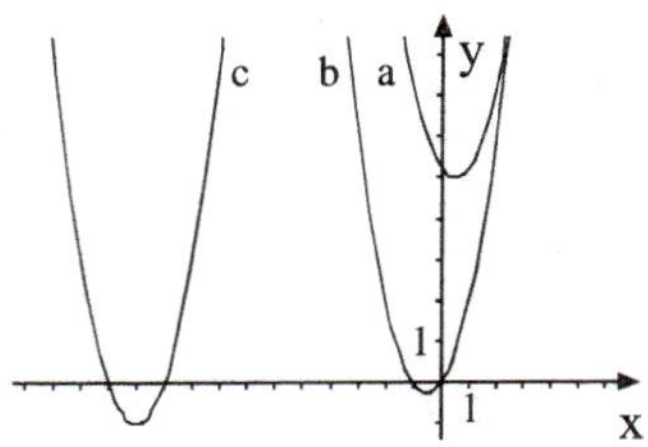

17. Verschiebung längs der

	x-Achse	y-Achse
a)	−6,5	9,75
b)	1	5

18. a) $f(x)=(x-2)^2+1$ b) $f(x)=(x+3)^2$ c) $f(x)=-(x+2)^2+1$ d) $f(x)=(x-1)^2-0{,}5$ e) $f(x) = -(x-3)^2-1$

19.

		Streckung	x-Verschiebung	y-Verschiebung
a)	$f(x) = -(x+1)^2-1$	−1	−1	−1
b)	$f(x) = 2{,}5(x+1)^2-7{,}5$	2,5	−1	−7,5
c)	$f(x) = -0{,}5(x-2)^2+1$	−0,5	2	1

20. a) $f(x) = 2(x+1{,}5)^2 + 2{,}5$, S(1,5|2,5) b) $f(x) = -(x-2)^2 + 1$, S(2|1)
c) $f(x) = 0{,}5(x-1)^2 + 1{,}5$, S(1|1,5)

21. P muss die Gleichung der Parabel erfüllen: $y_p = a(x_p - x_s)^2 + y_s$.
a) $f(x) = -3(x-1)^2+1$ b) $f(x) = 0{,}5(x+1)^2-1$ c) $f(x) = \frac{1}{6}(x+3)^2$

22.

	Verschiebung in x-Richtung	Verschiebung in y-Richtung	Streckung mit	Verschiebung in y-Richtung
a)	1,5	5,5	–	–
b)	$-\frac{5}{6}$	1	−2	–

Reihenfolge beachten!

23. $g(x) = 3 + \sqrt{x+2}$
$D = [-2;\infty)$, $W = [3;\infty)$

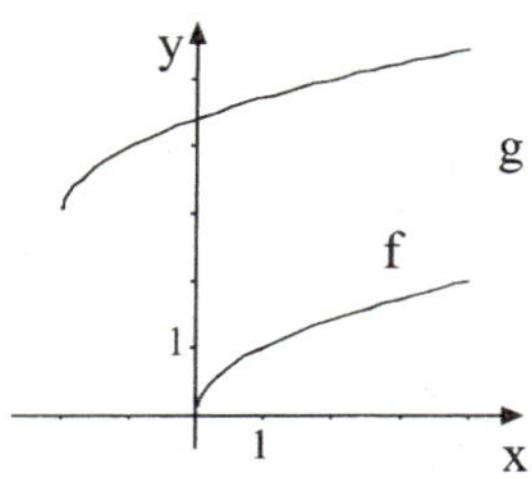

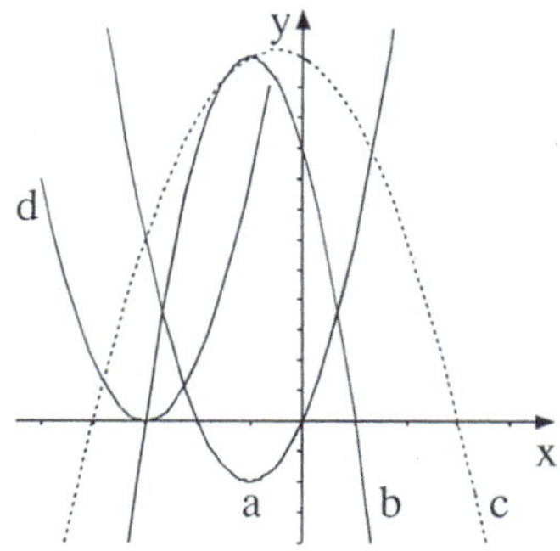

24. a) $S(-1|-2)$, $x_s=0, -2$, $y_s=0$ 39
    b) $S(-1|12)$, $x_s=-3, 1$, $y_s=9$
    c) $S(-\frac{1}{2}|\frac{49}{4})$, $x_s=3, -4$, $y_s=12$
    d) $S(-3|0)$, $x_s=-3$, $y_s=18$

25. g = f: $S_1(1|0)$, $S_2(5|4)$, $d=\sqrt{16+16}\approx 5{,}66$ 40
    Die Entfernung beträgt ca. 566 m.

26. a) Tangente in P(1|1)
    b) Sekante durch P(1|1), Q(2|4)
    c) Passante
    d) Passante für $b > 3$, Tangente für $b = 3$, Sekante für $b < 3$
    e) Tangente für $a = -3$, Sekante für $a \neq 3$

27. a) $-1+\sqrt{5}$ und $-1-\sqrt{5}$ b) keine 42
    c) $-1{,}4$ und $1{,}2$ d) 3 und -1
    e) keine f) $\frac{3+\sqrt{37}}{14}$ und $\frac{3-\sqrt{37}}{14}$

28. a) $f(x)=(x-4)\cdot(x-4)$ b) $f(x)=(x-6)\cdot(x+6)$ c) $f(x)=2(x-4)\cdot(x+5)$
    d) $f(x)=2(x-1{,}5)\cdot(x+3)$ e) $f(x)=(x-a)\cdot(x+1)$ f) $f(x)=2(x-\frac{a}{2})\cdot(x-2)$

29. a) $f(x)=(x+3{,}5)(x-2{,}5)=x^2+x-8{,}75=(x+0{,}5)^2-9$
    b) $f(x)=(x-3)(x-4)=x^2-7x+12=(x-3{,}5)^2-0{,}25$
    c) $f(x)=(x+5)(x+2)=x^2+7x+10=(x+3{,}5)^2-2{,}25$
    d) $f(x)=(x-1{,}5)x=x^2-1{,}5x=(x-0{,}75)^2-0{,}5625$
    e) $f(x)=x^2$
    f) $f(x)=(x+0{,}4)(x-a)=x^2+(0{,}4-a)x-0{,}4a=(x+0{,}5(0{,}4-a))^2-\frac{(0{,}4-a)^2}{4}-0{,}4a$

30. a) $f(x)=4$ gilt für $x=1$ und $x=7$: Die Insel ist 6m breit.
    b) f hat den Scheitel S(4|8), sie ragt also 4m aus dem Wasser.

31. b) $h(t)=0$ gilt für $t=8$; der Tank ist nach 8 Minuten leer. a)
    c) $f(t)=4$ gilt für $t=2{,}34$, also nach ca. 2,34 Minuten halbleer.
    $f(t)=2$ gilt für $t=4$, also nach 4 Minuten noch 1/4.
    d) Sinkgeschwindigkeit: 8m in 8min, also $v = 1$ m/min

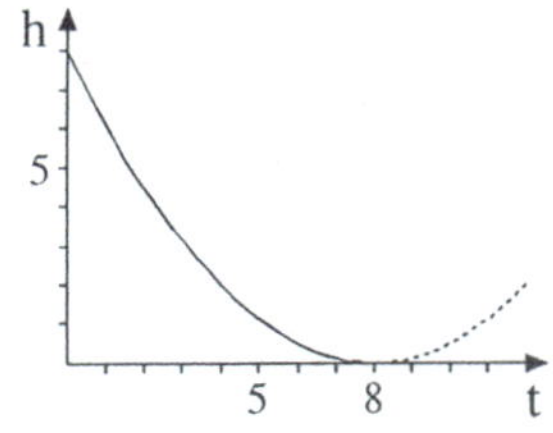

32. a) g ist Tangente von f.
    (doppelte Nullstelle bei $x=2$)
    b) Sekante (Nullstellen bei $x=1$ und $x=2{,}5$)
    c) Sekante (Nullstellen bei $x=1$ und $x=-1$)
    d) Passante (keine Nullstellen für $1 < a < 3$)
    Tangente (genau eine Nullstelle für $a=3$ oder $a=1$)
    Sekante (2 Nullstellen für $a < 1$ oder $a > 3$)

43 33. Bestätigung der Beispiellösung mittels GTR.

34. Ansatz: $f(x) = ax^2 + bx + c$

a) $P_1(-1|11)$: $a - b + c = 11$
$P_2(0|5)$: $c = 5$
$P_3(2|5)$: $4a + 2b + c = 5$, $a = 2$, $b = -4$, $c = 5$
Resultat: $f(x) = 2x^2 - 4x + 5$

b) mit $P_3(0|5)$ folgt $f(x) = 3x^2 - 6x + 5$

44 35. $f(x) = ax^2$, $f(\frac{19}{2}) + 14 = f(\frac{45}{2})$: $\frac{a \cdot 19^2}{4} + 14 = \frac{a \cdot 45^2}{4}$, $a = \frac{7}{208}$, Resultat: $f(x) = \frac{7}{208} \cdot x^2$

$f(\frac{45}{2}) = 17{,}03726 \approx 17{,}04$ (Tiefe des Reflektors)

Lage des Brennpunktes: $F(0\,|\,\frac{1}{4a}) = F(0\,|\,\frac{52}{7})$

Abstand zur Glasabdeckung: $17{,}03726 - \frac{52}{7} \approx 17{,}04 - 7{,}43 = 9{,}61$

45 36. a) $f(x) = -2x^2 + 3x + 4$ b) $f(x) = \frac{1}{9}x^2 + 5$

c) $f(x) = 3x^2 - 8$ d) $f(x) = \frac{1}{2}x^2 - \frac{9}{2}x + 11$

37. $f(x) = a(x-2)^2 + 1$, P einsetzen: $a = \frac{2}{3}$, $f(x) = \frac{2}{3}(x-2)^2 + 1$

38. $f(x) = (x-b)^2 + c$, $X(2{,}5|0)$, $Y(0|-5)$ einsetzen liefert $b = \frac{1}{4}$, $c = -\frac{81}{16}$

$f(x) = (x - \frac{1}{4})^2 - \frac{81}{16}$, $S(\frac{1}{4}\,|\,-\frac{81}{16})$

39. Ansatz: $f(x) = -ax^2 + 192$, $P(96|0)$ einsetzen liefert den äußeren Bogen: $f(x) = -\frac{1}{48}x^2 + 192$

Ansatz: $f(x) = -ax^2 + 187$, $P(81{,}5|0)$ einsetzen liefert den

inneren Bogen: $f(x) = -\frac{187}{81{,}5^2}x^2 + 187 \approx -0{,}0282x^2 + 187$

40. a) Zeichnung nicht maßstäblich

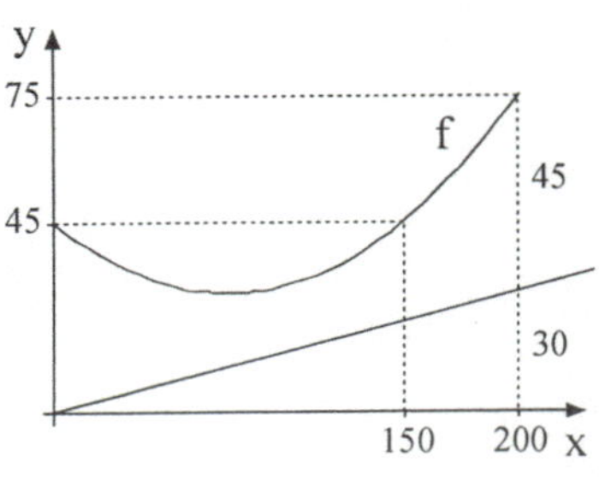

b) Ansatz: $f(x) = ax^2 + bx + c$
Drei Punkte des Graphen sind bekannt:
Am linken Mast (bei $x = 0$) hängt das Seil in 45 m Höhe: $P(0|45)$.
Nach 150 m hängt es wiederum in 45 m Höhe: $Q(150|45)$.
Also hängt es nach 75m am stärksten durch.
Nach 200 m hängt es am rechten Mast, der wegen 15 % Gefälle 30 m höher steht: $R(200|75)$
Der Punkt P liefert $c = 45$. Die Punkte Q und R liefern:
I. $150^2a + 150b + 45 = 45$, II. $200^2a + 200b + 45 = 75$

Lösung: $f(x) = \frac{3}{1000}x^2 - \frac{45}{100}x + 45$

41. Ansatz: $f(x) = ax^2 + 1$
Einsetzen des Wertepaares $(2|\,3{,}8)$ liefert $a = 0{,}7$. Resultat: $f(x) = 0{,}7x^2 + 1$
Probe: $f(1{,}5) = f(-1{,}5) = 2{,}575$, $f(1) = f(-1) = 1{,}7$

Test

1. a) $g(x) = 2x - 5$ b) $g(-1) = -7 \neq -6$, C liegt nicht auf g. 48
   c) y-Achse: Y(0|–5), x-Achse: X(2,5|0)

2. a) Die Geraden sind nicht parallel $(2 \neq -3)$, müssen sich also schneiden.
   b) Schnittpunkt: $S(\frac{1}{2} \mid -4)$

   Schnittwinkel: $\left.\begin{array}{l} m_f = 2 \Rightarrow \alpha \approx 63{,}4° \\ m_g = -3 \Rightarrow \beta \approx 108{,}4° \end{array}\right\} \Rightarrow \gamma = 45°$

3. a) $g(x) = 0{,}5(x-4)^2 - 2 = 0{,}5x^2 - 4x + 6$
   b) $g(x) = 0$ gilt für $x = 2$ und $x = 6$.

4. b) S(4|3)
   c) f = g: $S_1(2|5)$, $S_2(10|21)$

a) 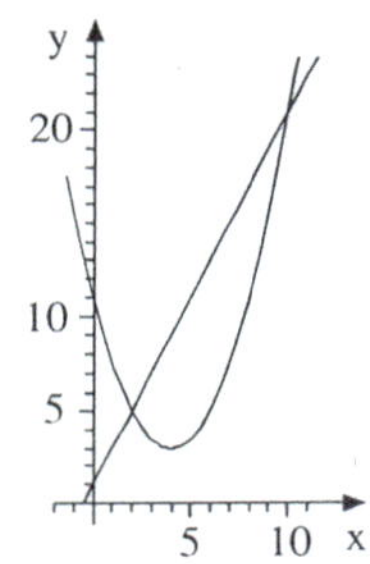

5. a) $F(t) = 200 + 80t$, $G(t) = 120t$
   b) $F(t) = 800$ gilt für $t = 7{,}5$.
   Familie F trifft um 14.30 Uhr ein.

   $G(t) = 800$ gilt für $t = 6\frac{2}{3}$.

   Familie G trifft um 13.40 ein.
   c) F = G gilt für t = 5.
   Überholvorgang um 13.00 Uhr

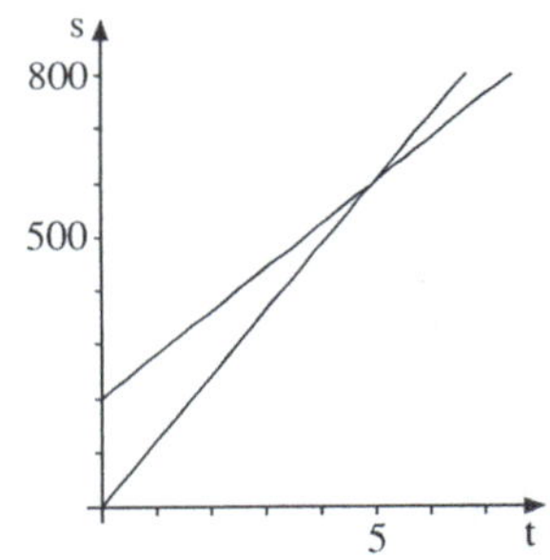

6. a) $t^2 - 12t + 36 = 0$ gilt für $t = 6$.
   Das Fass ist nach 6 Minuten leer.
   b) $h(0) = 180$, also zu Beginn 1,80 m Höhe.
   c) $h(t) = 45$ gilt für $t = 3$.

   Nach 3 Minuten ist das Fass bis auf $\frac{1}{4}$ der Höhe geleert.

1. Potenzen

50 1. $(a \cdot b)^n = \underbrace{a \cdot b \cdot a \cdot b \cdot \ldots \cdot a \cdot b}_{\text{n Faktoren}} = \underbrace{a \cdot a \cdot \ldots \cdot a}_{\text{n Faktoren}} \cdot \underbrace{b \cdot b \cdot \ldots \cdot b}_{\text{n Faktoren}} = a^n \cdot b^n$

2. a) $\frac{10^5 \cdot 10^2}{10^6} = \frac{10^7}{10^6} = 10$ b) $\frac{12^4 \cdot 3^2 \cdot 5^3}{6^4 \cdot 4^2 \cdot 25} = \frac{4^4 \cdot 3^4 \cdot 3^2 \cdot 5^3}{3^4 \cdot 2^4 \cdot 4^2 \cdot 5^2} = \frac{4^2 \cdot 3^2 \cdot 5}{2^4} = 3^2 \cdot 5 = 45$

c) $\frac{(ab)^2 \cdot a^2}{(ab^2)^2} = \frac{a^2 \cdot b^2 \cdot a^2}{a^2 \cdot b^4} = \frac{a^2}{b^2}$ d) $\frac{(a+b)^2 - 2ab - a^2}{(ab)^2} = \frac{b^2}{a^2 \cdot b^2} = \frac{1}{a^2}$

51 3. a) $\frac{1{,}98 \cdot 10^{30}}{5{,}97 \cdot 10^{24}} \approx 0{,}3317 \cdot 10^6 = 331700$ Erdmassen ergeben die Sonnenmasse

b) $\frac{2 \cdot 6{,}96 \cdot 10^8}{2 \cdot 6{,}37 \cdot 10^6} \approx 1{,}1 \cdot 10^2 = 110$ Erddurchmesser ergeben den Sonnendurchmesser

c) $\frac{149{,}6 \cdot 10^6}{2 \cdot 6{,}96 \cdot 10^5} \approx 10{,}75 \cdot 10 = 107{,}5$ Sonnendurchmesser ergeben die Entfernung Erde-Sonne

d) $\frac{5{,}97 \cdot 10^{24}}{4 \cdot 10^6 \cdot 10^3} \approx 1{,}5 \cdot 10^{15}\,\text{s} \approx 1{,}7 \cdot 10^{10} \approx 4{,}7 \cdot 10^7$ Jahre

e) $\frac{149{,}6 \cdot 10^6}{3 \cdot 10^5}\,\text{s} \approx 500\,\text{s} \approx 8{,}33\,\text{min}$

4. a) $2{,}44 \cdot 10^{13}$ b) $56{,}9 \cdot 10^6$ c) 8,25625
d) 120001 e) 48 f) 0,1875
g) 1,46 h) 20040,06008

5. a) $256 = 2^8$ b) $3125 = 5^5$ c) $2401 = 7^4$
d) $(\frac{1}{16})^{-6} = 16^6 = (2^4)^6 = 2^{24}$

6. a) $4^{-5} = (\frac{1}{4})^5$ bzw. $\frac{1}{4^5}$ b) 3^2 c) $\frac{2}{x^3}$ d) $\frac{b^3}{a^2}$

52 7. a) 1963: 10000 DM
nach 15 Jahren, 1978: $10000 \cdot 0{,}95^{15} \approx 4633\,\text{DM}$
während der nächsten 5 Jahren bis 1983: 4633 DM Tiefstand
b) Von 1983 bis 2020 sind es 37 Jahre
Wert 2020: $4633 \cdot 1{,}07^{37} \approx 56632$ DM ≈ 28955 Euro (1E = 1,95583DM)

8. a) 4ml auf $4 \cdot 100000 = 400000 = 400$ Liter

b) $200 \cdot 10^{-3} = 0{,}2$ ml Wirkstoff

9. $0{,}1\,\text{cm}^3 = 40\,\text{m}^2 \cdot h = 400000 \cdot h\,\text{cm}^2$, $h = \frac{0{,}1}{400000}\,\text{cm} = 2{,}5 \cdot 10^{-7}\,\text{cm}$

10. a) $2^{63} \approx 9{,}22 \cdot 10^{18}$ 19 Dezimalstellen

b) $9{,}22 \cdot 10^{18} : 40000 : 200 : \frac{1000}{3} : (150 \cdot 10^6) = 23{,}05$

11. $\sqrt[3]{3} \approx 1{,}44224957$ 12. $a^2 = 2$, $a = \sqrt{2} \approx 1{,}4142$ 53

13. a) $x = 8^{\frac{1}{3}}$, $x^3 = 8$, $x = \sqrt[3]{8} = 2$ 54

b) $8^9 = 134217728$, $8^3 = 512 = \sqrt[3]{134217728}$, $8^1 = 8 = \sqrt[3]{512}$, $8^{\frac{1}{3}} = \sqrt[3]{8} = 2$

14. a) $9^{1{,}5} = 9^{\frac{3}{2}} = \sqrt{729} = 27$ b) $0{,}0625^{-\frac{1}{4}} = \frac{1}{\sqrt[4]{0{,}0625}} = \frac{1}{0{,}5} = 2$

c) $8^{\frac{2}{3}} \cdot 16^{\frac{3}{2}} = 2^2 \cdot 4^3 = 4^4$ d) $\frac{4^{-\frac{2}{3}} \cdot 64^{\frac{2}{3}}}{32^{0{,}2}} = \frac{\frac{1}{\sqrt{64}} \cdot \sqrt[3]{64^2}}{\sqrt[5]{32}} = \frac{\frac{1}{8} \cdot 16}{2} = 1$

15. a) 2,378 b) 1,122 c) 0,5 d) 0,03125 e) 4 55

16. $3^3 = 9^{1{,}5}$, $12^{\frac{1}{2}} = 2\sqrt{3}$, $\sqrt[3]{5} = 5^{\frac{2}{6}}$, $256^{\frac{1}{2}} = 8^{\frac{4}{3}}$, $4^{-\frac{3}{2}} = \frac{1}{64^{0{,}5}}$

17. a) $2 \cdot x^{\frac{3}{2}} = 4$, $x = \sqrt[3]{4} \approx 1{,}59$ b) $8 \cdot x^{\frac{3}{2}} = 2 \cdot x^{\frac{1}{2}}$, $x = \frac{1}{4}$

c) $x^{\frac{5}{2}} = 8$, $x \approx 2{,}30$ d) $x + 2\sqrt{x} - 15 = 0$, $\sqrt{x} = -1 \pm 4 = 3$ bzw. -5, $x = 9$

18. a) $\sqrt[3]{8} = 2$ b) $\sqrt[4]{625} = 5$ c) $\sqrt[3]{8^2} = 4$ d) $\sqrt[5]{32} = 2$ e) $\frac{1}{\sqrt[3]{0{,}001}} = 10$ 56

f) $\sqrt{100^3} = 1000$ g) $\frac{1}{\sqrt{\frac{1}{4}}} = 2$

19. a) $7^{\frac{1}{2}} \approx 2{,}65$ b) $6^{\frac{3}{3}} = 6$ c) $10^{\frac{1}{50}} \approx 1{,}05$ d) $3^{\frac{3}{2}} \approx 5{,}20$ e) $10^{\frac{2}{3}} \approx 4{,}64$

f) $2^{\frac{6}{6}} = 2$ g) $\frac{1}{3^{\frac{3}{4}}} \approx 0{,}44$

20. $II = 0{,}35 = VII < V = 0{,}59 < I = 2 < IV = 2{,}83 = IX < III = 4 < VIII = 11{,}31 < VI = 45{,}25$

21. a) $36^{\frac{1}{2}} = 6$ b) $144^{\frac{1}{2}} = 12$ c) $36^{\frac{1}{2}} = 6$ d) $2a^{\frac{1}{2}}$ e) $2a^2$

22. a) $4^2 = 16$ b) $8^{\frac{1}{3}} = 2$ c) $16^{\frac{1}{2}} = 4$ d) $(\frac{1}{2^3})^{\frac{1}{3}} = \frac{1}{2}$ e) $4x$ f) $4x^2$

23. a) $7^2 = 49$ b) $2^{-2} = \frac{1}{4}$ c) $2^3 = 8$ d) 2 e) x^3 f) x

24. a) $x = \sqrt[3]{6} \approx 1{,}82$ b) $x = \sqrt[4]{0{,}5} \approx 0{,}84$ c) $x = \sqrt[12]{4096} = 2$

d) $x = \sqrt[10]{10} \approx 1{,}26$ e) $x = \sqrt[5]{32} = 2$

56 25. a) $x=\sqrt[3]{25}\approx 2{,}92$ b) $2x^{-\frac{1}{5}}=4$, $x^{\frac{1}{5}}=\frac{1}{2}$, $x=0{,}03125$

c) $x^{\frac{1}{2}}\cdot x^{\frac{3}{4}}=4$, $x^{\frac{5}{4}}=4$, $x\approx 3{,}03$ d) $x+\sqrt{x}-6=0$, $\sqrt{x}=-\frac{1}{2}\pm 2{,}5$, $x=4$

e) $x=2$ f) $x\approx 6{,}31$ g) $x\approx 1{,}6$

26. $a^3=330$, $a\approx 6{,}91$, Kantenlänge ca. 6,91 cm

Glasoberfläche: 5 Scheiben beidseitig, also $10\cdot 6{,}91^2\approx 477{,}48\text{cm}^2$

Reinigungsmittel: $477{,}48\cdot 0{,}001\approx 0{,}48\text{cm}^3$

27. a) $2{,}662=2\cdot a^3$, $a=\sqrt[3]{\frac{2{,}663}{2}}=1{,}1$ d.h. der Jahreszins beträgt 10%.

b) $2\cdot 1{,}1^{10}\approx 5{,}187$ Mio

c) $4=2\cdot 1{,}1^t$, $t\approx 7{,}3$ d.h. im 8. Jahr verdoppelt sich das Anfangskapital.

57 1. a) $2^{\frac{3}{4}}$ b) $5^{\frac{1}{6}}$ c) 12 d) 6 e) 10 f) 6+4 = 10

g) $a^{\frac{2}{3}}\cdot b^{\frac{2}{3}}\cdot a^{-\frac{1}{3}}\cdot b^{-\frac{4}{3}}=a^{\frac{1}{3}}\cdot b^{-\frac{2}{3}}$ h) a–b i) $x^{\frac{1}{3}}\cdot x^{\frac{1}{6}}=x^{\frac{1}{2}}$

j) $3^{\frac{1}{4}}\cdot 2\cdot a^{\frac{1}{4}}\cdot 3^{-\frac{1}{4}}\cdot a^{-\frac{1}{4}}=2$ k) $27^{\frac{1}{3}}-8^{\frac{1}{3}}=1$ l) -1

2. a) $2\cdot\sqrt[3]{9}$ b) $\sqrt[3]{2}$ c) $2\cdot\sqrt[3]{4}$ d) $\sqrt[4]{2}$

3. a) $\sqrt{2}$ b) $2\cdot\sqrt[3]{3}$ c) $2\cdot\sqrt[4]{5}$ d) $\frac{1}{\sqrt{2}+1}\cdot\frac{\sqrt{2}-1}{\sqrt{2}-1}=\sqrt{2}-1$

4. a) $3^{\frac{1}{2}}\cdot 27^{\frac{1}{2}}=81^{\frac{1}{2}}=9$ b) $2\cdot\sqrt[3]{4}\cdot 4\cdot\sqrt[3]{4}=8\cdot\sqrt[3]{16}\approx 20{,}16$

c) $7^{-\frac{2}{5}}:14^{-\frac{2}{5}}=(\frac{1}{2})^{-\frac{2}{5}}=4^{\frac{1}{5}}\approx 1{,}32$

5. a) $22^2=484$ b) $9^{(9^9)}=9^{387420489}$

c) $9999^{10}\approx 10^{40}$ $>$ $99^{20}\approx 8{,}2\cdot 10^{39}$

6. $\sqrt[5]{\sqrt{a}}=a^{\frac{1}{10}}<\sqrt{\sqrt[3]{a}}=a^{\frac{1}{6}}<\sqrt{\sqrt{a}}=a^{\frac{1}{4}}<\sqrt[12]{a^6}=a^{\frac{1}{2}}<\sqrt[5]{a^3}=a^{\frac{3}{5}}$

7. a) z.B. mit x = 1: Wert $\sqrt{2}$

b) Mit $a=x+\sqrt{2x-1}$, $b=x-\sqrt{2x-1}$ gilt:

$$\sqrt{a}-\sqrt{b}=\sqrt{(\sqrt{a}-\sqrt{b})^2}=\sqrt{a-2\sqrt{ab}+b}$$
$$=\sqrt{x+\sqrt{2x-1}-2\underbrace{\sqrt{x^2-2x+1}}_{x-1}+x-\sqrt{2x-1}}=\sqrt{2}$$

2. Potenzfunktionen

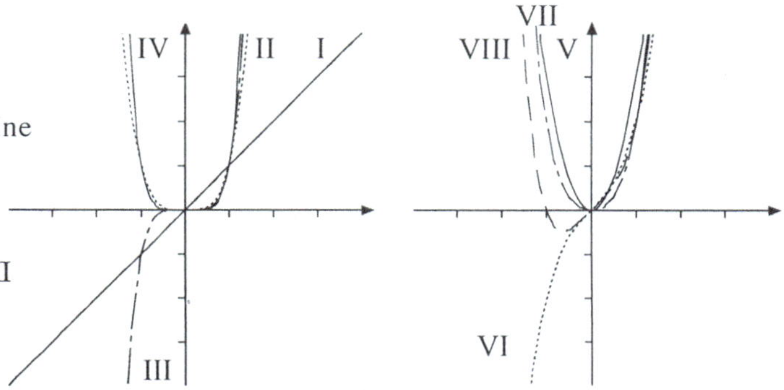

1. a) 59

y-Achse	Ursprung	keine
II	I	
IV	III	
V	VI	
VII		VIII

b)

I	$f(x) = x = -(-x) = -f(-x)$	Ursprungssymmetrie
II	$f(x) = x^4 = (-x)^4 = f(-x)$	Symmetrie zur y-Achse
III	$f(x) = x^5 = -(-x)^5 = -f(-x)$	Ursprungssymmetrie
IV	$f(x) = x^6 = (-x)^6 = f(-x)$	Symmetrie zur y-Achse
V	$f(x) = 3x^2 = 3(-x)^2 = f(-x)$	Symmetrie zur y-Achse
VI	$f(x) = x + x^3 = -(-x + (-x)^3) = -f(-x)$	Ursprungssymmetrie
VII	$f(x) = x^2 + x^4 = (-x)^2 + (-x)^4 = f(-x)$	Symmetrie zur y-Achse
VIII	$f(x) = x + x^4 \neq \begin{cases} -x + (-x)^4 = f(-x) \\ -(-x + (-x)^4) = -f(-x) \end{cases}$	keine

c) f ist punktsymmetrisch zu P(1|–2).
g ist achsensymmetrisch zu x = 2.

2. a) streng monoton steigend 60
b) streng monoton fallend bis x = 2, danach streng monoton steigend
c) streng monoton fallend
d) streng monoton steigend bis ca. -1,15, dann fallend bis ca. 1,15, dann wieder steigend
e) sowohl als auch
f) durchgehend fallend, bei x = 0 aber nicht definiert
g) steigend bis x = 0, dann fallend bis x = 4, dann wieder steigend bis x = 6, dann sowohl als auch bis x = 7, dann steigend bis x = 9, dann fallend bis x = 10

3. a) $v(20) = \sqrt{400} = 20\,\frac{\text{m}}{\text{s}}$ b) $h(v) = \frac{1}{20}v^2$ 61

c) $\sqrt{20h} = 100\,\frac{\text{km}}{\text{h}} = \frac{100}{3{,}6}\,\frac{\text{m}}{\text{s}}$, $h \approx 38{,}6\text{m}$

4. a) Alle Graphen gehen durch P(–1|–1) und Q(1|1). Je größer n, desto flacher verläuft der Graph vor P und nach Q und steiler nach P und vor Q. 62

b) Alle Graphen gehen durch P(–1|1) und Q(1|1). Je größer n, desto flacher verläuft der Graph vor P und nach Q und steiler nach P und vor Q.

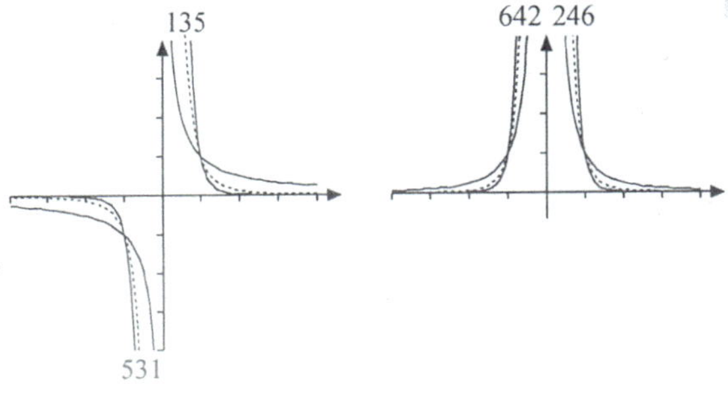

62 5. a) $f(x) = \frac{1}{x^n} = -\frac{1}{(-x)^n} = -f(-x)$ für n = 1 und 3, also Punktsymmetrie zum Ursprung

b) $f(x) = \frac{1}{x^n} = \frac{1}{(-x)^n} = f(-x)$ für n = 2 und 4, also Achsensymmetrie zur y-Achse

6. a) $\frac{1}{x} > 400$ gilt für $x < \frac{1}{400} = 0{,}0025$, also für $0 < x < 0{,}0025$

$\frac{1}{x^3} > 400$ gilt für $x < \sqrt[3]{\frac{1}{400}} \approx 0{,}14$, also für $0 < x < 0{,}14$

$\frac{1}{x} < 0{,}05$ gilt für $x > \frac{1}{0{,}05} = 20$, also für $x > 20$ oder $x < 0$

$\frac{1}{x^3} < 0{,}05$ gilt für $x > \sqrt[3]{\frac{1}{0{,}05}} \approx 2{,}71$, also für $x > 2{,}71$ oder $x < 0$

b) $\frac{1}{x^2} > 400$ gilt für $|x| < \sqrt{\frac{1}{400}} = 20$, also für $-0{,}05 < x < 0{,}05$, $x \neq 0$

$\frac{1}{x^4} > 400$ gilt für $|x| < \sqrt[4]{\frac{1}{400}} \approx \pm 0{,}22$, also für $-0{,}22 < x < 0{,}22$, $x \neq 0$

$\frac{1}{x^2} < 0{,}05$ gilt für $x > \pm\sqrt{\frac{1}{0{,}05}} \approx \pm 4{,}47$, also für $x < -4{,}47$ und $x > 4{,}47$, $x \neq 0$

$\frac{1}{x^4} < 0{,}05$ gilt für $|x| > \sqrt[4]{\frac{1}{0{,}05}} \approx \pm 2{,}11$, also für $x < -2{,}11$ und $x > 2{,}11$

63 7. a) $f(x) = x^2 = (-x)^2 = f(-x)$, Symmetrie zur y-Achse

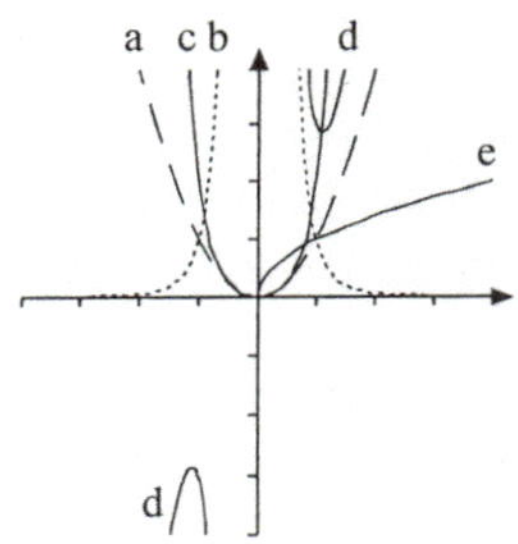

b) $f(x) = \frac{1}{x^4} = \frac{1}{(-x)^4} = f(-x)$, Symmetrie zur y-Achse

c) $f(x) = x^2 + x^6 = (-x)^2 + (-x)^6 = f(-x)$, Symmetrie zur y-Achse

d) $f(x) = \frac{1}{x^5} + x^3 + \frac{1}{x} = -\frac{1}{(-x)^5} - (-x)^3 - \frac{1}{-x} = -f(-x)$

Ursprungssymmtrie

e) $f(x) = \sqrt{x} \neq \begin{cases} \sqrt{-x} \\ -\sqrt{-x} \end{cases}$, keine Symmetrie

8. a) Streckung um 2, dann x-Verschiebung um –1 und y-Verschiebung um –3
b) Stauchung um 0,5, dann x-Verschiebung um 1 und y-Verschiebung um 1

c) $g(x) = \frac{1}{x-3}$: Lediglich x-Verschiebung um 3

d) $g(x) = 1 + \frac{0{,}5}{x+2}$: Stauchung um 0,5, dann x-Verschiebung um –2 und y-Verschiebung um 1

9. $\frac{1}{(1-a)^2} = 4$, $a = \frac{1}{2}$ oder $a = 1{,}5$: $g(x) = \frac{1}{(x-0{,}5)^2}$; $g(x) = \frac{1}{(x-1{,}5)^2}$

10. x-Achsenspiegelung: $g(x) = -\frac{1}{x^2}$

y-Achsenspiegelung: $g(x) = \frac{1}{-x-2} = -\frac{1}{x+2}$

11. b) $A(20) = 3$ ha pro Kuh a) 64

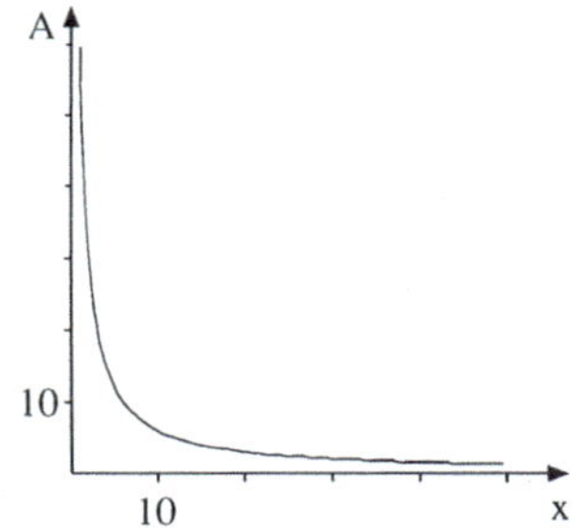

c) $\frac{60}{x} = 1{,}5$ gilt für $x = 40$

$\frac{60}{x} = 2{,}5$ gilt für $x = 24$

biologische Nutzung für $24 \leq x \leq 40$

12. a) $f(\pm 2) = \frac{25}{4} = 6{,}25$, also 625m hoch

b) $f(5) = \frac{25}{25} = 1$, also 100m Höhe

c) $g(3) = \frac{100}{27} \approx 3{,}70$, also 370m, der erste Vulkan ist höher d)

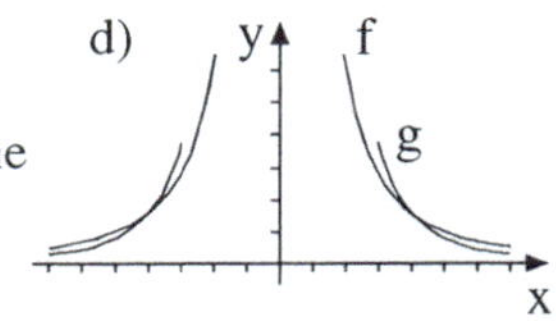

$f = g$: $\frac{25}{x^2} = \frac{100}{x^3}$, $x = 4$, $f(4) = 1{,}5625$, also 156,25m Höhe

13. b) $K(t) = -\frac{2000}{t+1} + 2000 = \frac{-2000+2000t+2000}{t+1} = \frac{2000t}{t+1}$

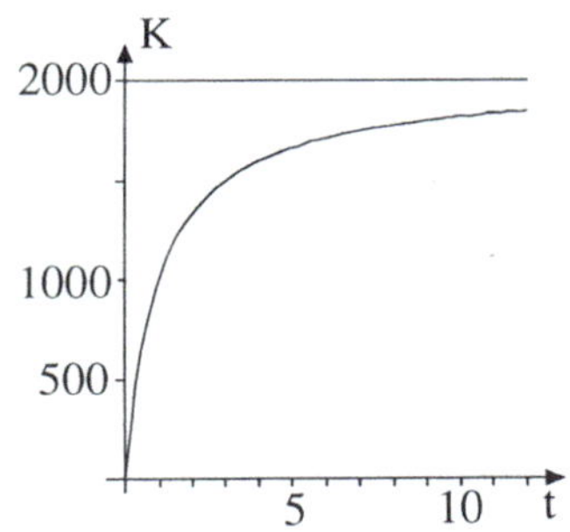

c) $K(4) = 1600$ Kängurus

d) $\frac{2000t}{t+1} = 1800$ gilt für $t = 9$, also Anfang Oktober

e) Die langfristige Grenze liegt bei 2000 Kängurus.

14. a) Mond: $T(l) = 2\pi\sqrt{\frac{l}{1{,}62}}$, $T(2) \approx 6{,}98$s 65

Jupiter: $T(l) = 2\pi\sqrt{\frac{l}{24{,}79}}$, $T(2) \approx 1{,}78$s

b) Mond: $2\pi\sqrt{\frac{l}{1{,}62}} = 1$, $l \approx 0{,}04$m

Jupiter: $2\pi\sqrt{\frac{l}{24{,}79}} = 1$, $l \approx 0{,}63$m

c) Mond: $T(30) \approx 27{,}04$s, Jupiter: $T(30) \approx 6{,}91$s

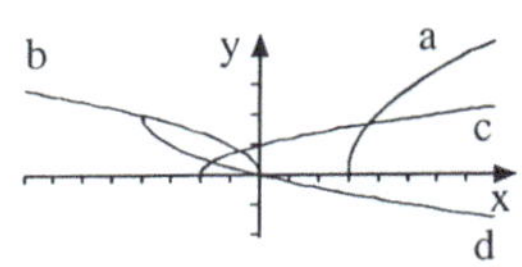

15. a) $D: x \geq 3$, $W: x \geq 0$ b) $D: x \leq 0$, $W: x \geq 0$ 66

c) $D: x \geq -2$, $W: x \geq 0$ d) $D: x \geq -4$, $W: x \leq 2$

16.

	x-Achse	y-Achse	$f(x) = 1$	$f(x) = 4$
a	3	/	3,25	7
b	0	0	−1	−16
c	−2	1	0	30
d	0	0	−3	/

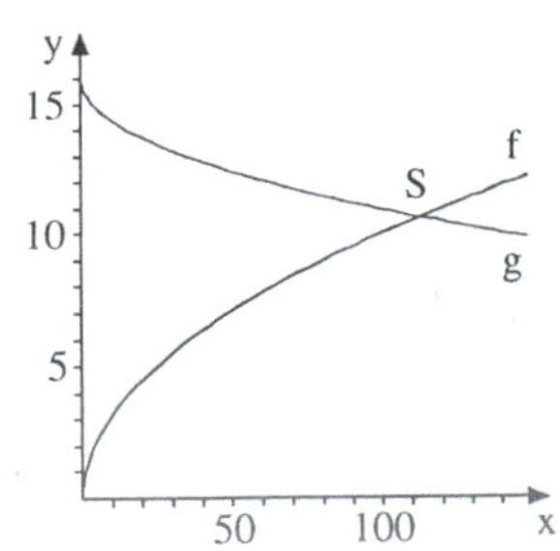

17. $f = g$: $\sqrt{x} = 16 - \frac{1}{2}\sqrt{x}$, $\frac{3}{2}\sqrt{x} = 16$

$x \approx 113{,}78$, $y \approx 10{,}67$

66 18. a) $f(x)=\sqrt{7+x}$, $g(x)=\frac{2}{9}x^2$, $h(x)=\sqrt{7-x}$

b) $1{,}5=\sqrt{7+x}$, $x=-4{,}75$
$1{,}5=\frac{2}{9}x^2$, $x\approx\pm2{,}60$
$1{,}5=\sqrt{7-x}$, $x=4{,}75$

Bahnhöhe mindestens 1,5m gilt für $-4{,}75\le x\le -2{,}6$ und $2{,}6\le x\le 4{,}7$

67 19. a) $P(10)=0{,}004\cdot 10^3=4$ (in kW), also 4000W, d.h. 40 Ruderer

b) $200\cdot 0{,}1\text{kW}=20\text{kW}$, $P(v)=20$ gilt für $v\approx 17{,}10\text{km/h}$

c) $200\cdot 0{,}5\text{kW}=100\text{kW}$, $P(v)=100$ gilt für $v\approx 29{,}24\text{km/h}$

20. b) Elefant: 0,23 ; Hund: 1,76 ; Mensch: 1,03
Bei großer Masse, also großem Radius ist das Verhältnis klein, es wird relativ wenig Wärme abgegeben.
Bei kleiner Masse (kleiner Radius) wird relativ viel Wärme abgegeben.
Der Elefant kann Kälte vertragen. Er gibt im Sommer Wärme über seine großen Ohren ab.
Kleine Hunde vertragen Wärme, frieren aber leicht.
Der Mensch ist relativ gut angepasst.

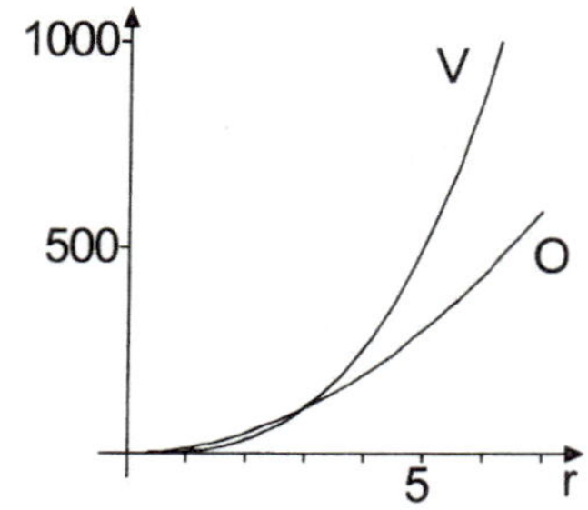

3. Ganzrationale Funktionen

1. Höchster Punkt: H(1|2,79) 68

2. a) Der Graph fällt bis $x = -1$ und steigt dann. 69
Er ist durchgehend linksgekrümmt.
Er hat den Tiefpunkt T(−1|−3).
Seine Nullstellen sind $x \approx -2,73$ und $0,73$.

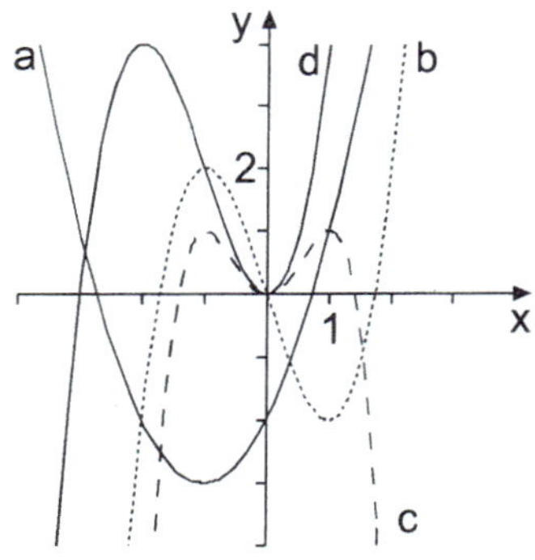

b) Der Graph steigt rechtsgekrümmt bis $x = -1$, fällt dann bis $x = 1$, dazwischen Krümmungsänderung in Linkskrümmung.
Dann steigt er wieder.
Nullstellen: $x = 0$ und $x \approx \pm 1,73$
Hochpunkt H(−1|2), Tiefpunkt T(1|2)

c) Der Graph steigt rechtsgekrümmt bis $x = -1$ und fällt dann bis $x = 0$. Dazwischen wechselt er in Linkskrümmung. Von $x = 0$ steigt er wieder bis $x = 1$, dazwischen Wechsel in Rechtskrümmung. Ab $x = 1$ fällt er wieder.
Nullstellen: $x = 0$ und $x \approx \pm 1,41$; Hochpunkte H_1(−1|1), H_2[1|1); Tiefpunkt T(0|0)

d) Der Graph steigt rechtsgekrümmt bis $x = -2$ und fällt dann bis $x = 0$ mit Wechsel in Linkskrümmung dazwischen. Ab $x = 0$ steigt er wieder.
Nullstellen: $x = -3$ und $x = 0$; Hochpunkt H(−2|4) , Tiefpunkt T(0|0)

3. a) $0,5x^3$ bestimmt den Globalverlauf, $-x^2$ den Lokalverlauf. 70
b) $0,25x^4$ bestimmt den Globalverlauf, $-x^2$ den Lokalverlauf.
c) $0,1x^5$ bestimmt den Globalverlauf, $-x^2$ den Lokalverlauf.
d) $-x^3$ bestimmt den Globalverlauf, x den Lokalverlauf.

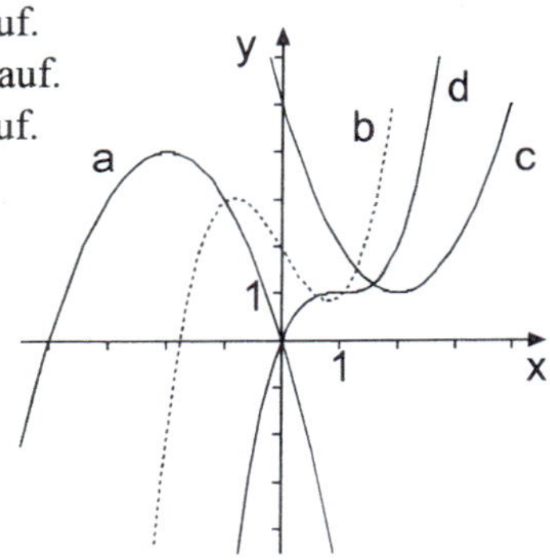

4. 71

	Globalverlauf	Lokalverlauf
a)	$-x^2$	$-4x$
	x^3	$-2x + 2$
	x^2	$-4x + 5$
	x^3	$3x$

5. a) Hochpunkt bei $x = -1,9$; Tiefpunkt bei $x = 2$ 72
streng monoton steigend bis $x = -1,9$
danach streng monoton fallend bis $x = 2$,
dann wieder steigend

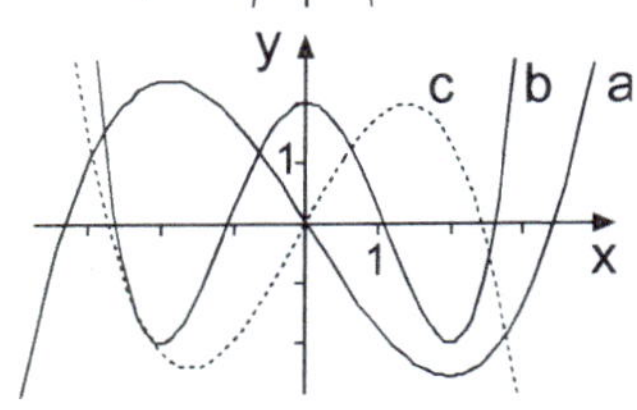

b) Tiefpunkte T_1(−2|8), T_2(2|8) ; Hochpunkt H(0|2)
streng monoton fallend bis $x = -2$, dann steigend bis $x = 0$, dann fallend bis $x = 2$, dann wieder steigend

c) Tiefpunkt bei $x = 1,39$; Hochpunkt bei $x = -1,59$
streng monoton steigend bis $x = -1,59$, dann fallend bis $x = 1,39$, dann wieder steigend

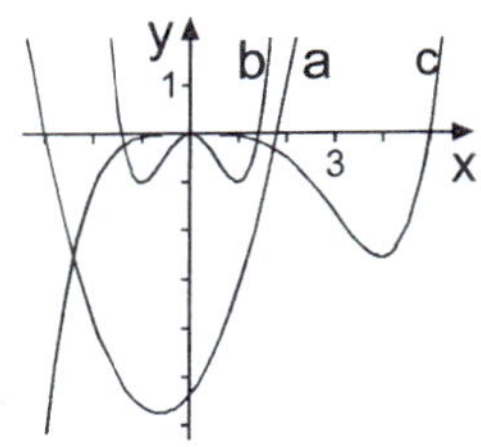

6. a) Tiefpunkt T(−0,6|−5,76)
b) Tiefpunkte T_1(−1|−1), T_2(1|−1), Hochpunkt H(0|0)
c) Hochpunkt H(0|0); Tiefpunkt T(4|−2,56)

73 7. a) I $f(x) = x^4 - 2x^2 = (-x)^4 - 2(-x)^2 = f(-x)$
Symmetrie zur y-Achse

II $f(x) = \frac{1}{3}x^3 - 4x = -\frac{1}{3}(-x)^3 + 4(-x) = -f(-x)$
Symmetrie zum Ursprung

III $f(x) = x^2 - 4x \neq \begin{cases} (-x)^2 - 4(-x) = f(-x) \\ -(-x)^2 + 4(-x) = -f(-x) \end{cases}$
keine Standardsymmetrie

IV $f(x) = \frac{1}{10}(x^5 - 2x) = -\frac{1}{10}((-x)^5 - 2(-x)) = -f(-x)$
Symmetrie zum Ursprung

b) I nur gerade Exponenten: Symmetrie zur y-Achse
II nur ungerade Exponenten: Symmetrie zum Ursprung
II gerade und ungerade Exponenten:
keine Standardsymmetrie
IV nur ungerade Exponenten: Symmetrie zum Ursprung

c)
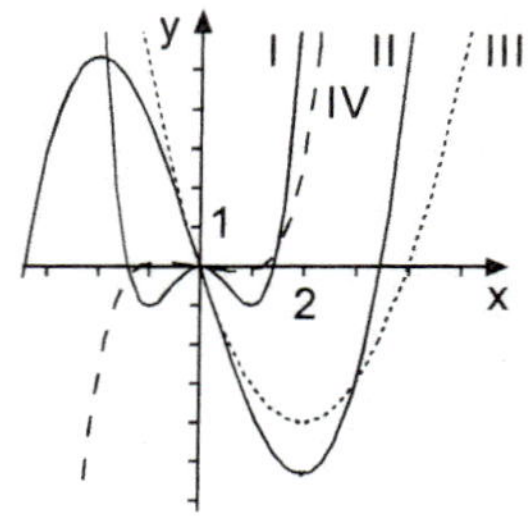

75 8. a) $x = 0{,}5$
b) $x = -1$ und $x = 5$
c) $x = 2$

9. a) $x = -1, x = 0, x = 2$
b) $x = 0$ und $x = 3$
c) $x = -2, x = 2, x = 5$

10. a) $x = -2, x = 2$
b) keine
c) $x = -2, x = -1, x = 1, x = 2$

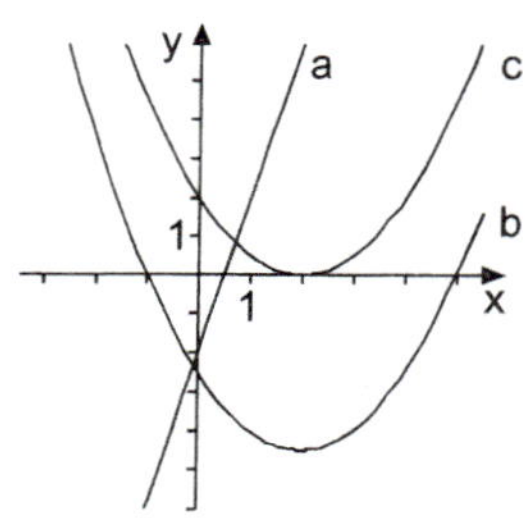

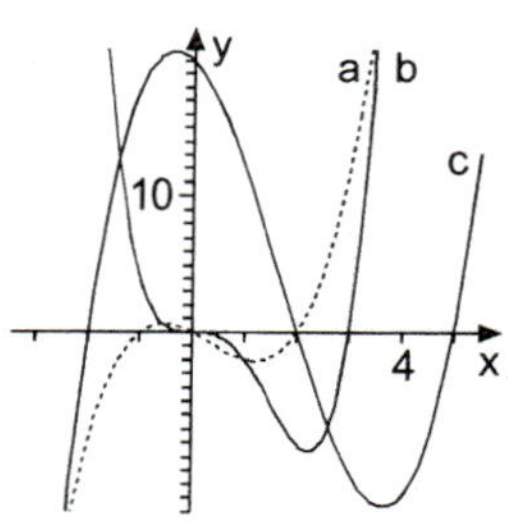

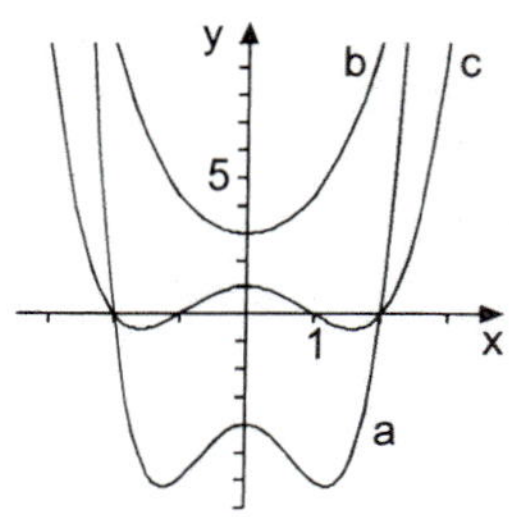

76 11.a) Nullstellen: $x = 0,\ x = \pm\sqrt{2} \approx \pm 1{,}41$
Symmetrie zur y-Achse (gerade Expo.)
Extrema: $T_1(-1 \mid -\frac{1}{2})$, $T_2(1 \mid -\frac{1}{2})$, $H(0 \mid 0)$
Der Graph fällt bis x = -1, steigt dann bis x = 0, fällt bis x = 1 und steigt danach wieder.

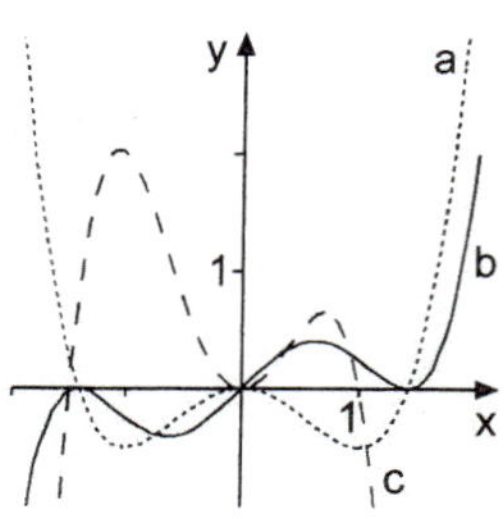

b) Nullstellen: $x = 0,\ x = \pm\sqrt{2} \approx \pm 1{,}41$
Symmetrie zum Ursprung (ungerade Expo.)
Extrema: $H_1(-1{,}41 \mid 0)$, $T_1(-0{,}63 \mid -0{,}4)$, $H_2(0{,}63 \mid 0{,}4)$, $T_2(1{,}41 \mid 0)$

Der Graph steigt für $x < -1{,}41$ und $x > 1{,}41$ sowie $-0{,}63 < x < 0{,}63$.

Für $-1{,}41 < x < -0{,}63$ und $0{,}63 < x < 1{,}41$ fällt er.

c) Nullstellen: $x = 0$, $x = -1{,}5$ und $x = 1$; keine Standardsymmetrie (gerade und unger. Expo.)
Extrema: $H_1(-1{,}07|2{,}04)$, $T(0|0)$, $H_2(0{,}7|0{,}65)$
Steigen: $x < -1{,}07$, $0 < x < 0{,}7$; Fallen: $-1{,}07 < x < 0$, $x > 0{,}7$

12. Im Verlauf der 30. Woche war das Becken leer.
Höchststand von $40m^3$ in der 10. Woche. 77
In der 45. Woche droht die Überschreitung von $100m^3$.

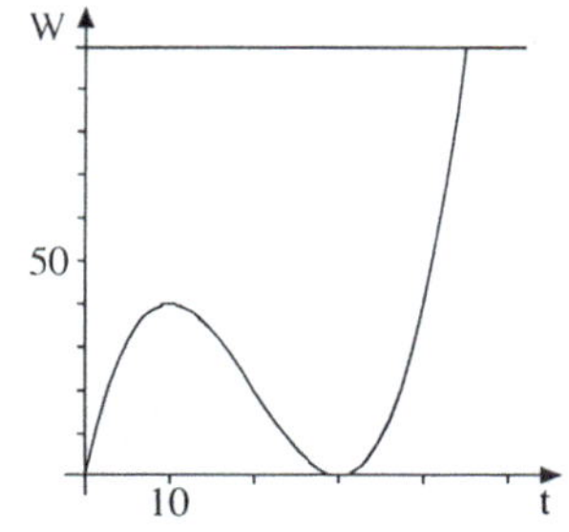

13. a) Grad 4, $a_4 = 2$, $a_3 = 0$, $a_2 = -1$, $a_1 = 1$, $a_0 = 0$ 78
b) Grad 3, $a_3 = -1$, $a_2 = 1$, $a_1 = 0$, $a_0 = 4$
c) Grad 0, $a_0 = 2$
d) Grad 2, $a_2 = 2$, $a_1 = -4$ $a_0 = 2$
e) Grad 5, $a_5 = -1$, $a_4 = 2$, $a_3 = a_2 = 0$, $a_1 = -2$, $a_0 = -4$
f) Grad 3, $a_3 = 1$, $a_2 = -3$, $a_1 = 3$, $a_0 = -1$

14. $\frac{x^3+x^2}{x}$ ist nicht ganzrational und hat $D = \mathbb{R} / \{0\}$.

$(\sqrt{x})^2$ ist nicht ganzrational und hat $D = \mathbb{R}_0^+$.

15. a) $f(x) = \frac{4}{3}x^2 - \frac{16}{3}$
b) $f(x) = ax^3 + bx$; $a^4 + ab = 45$, $8a + 2b = 0$, $b = -4a$, $a^2 = 9$
Resultat: $f(x) = 3x^3 - 12x$ bzw. $f(x) = -3x^3 + 12x$

16. a) $x = 4$ b) $x = -\frac{b}{a}$ c) $x = 0$ und $x = 1$
d) $x = -3$ und $x = 1$

17. a) $f(x) = x(x-4)$, $x = 0$ und $x = 4$ b) $f(x) = x^2(x-3)$, $x = 0$ und $x = 3$
c) $f(x) = x^2(x^2-4)$, $x = 0$, $x = -2$, $x = 2$ d) $f(x) = 2x(x^2-2)$, $x = 0$, $x = \pm\sqrt{2}$
e) $f(x) = \frac{1}{4}x(x^3-8)$, $x = 0$, $x = 2$ f) $f(x) = x(x^2-2x+1)$, $x = 0$, $x = 1$

18. a) $x = 2$, $x = -3$ b) $x = -1$, $x = 0{,}5$, $x = 0$ c) $x = 1$, $x = 2$

19. a) $x = \pm 2$, $x = \pm 1$ b) $x = \pm 2$ c) keine

20. a) $x = -2{,}5$, $x = 0{,}5$, $x = 2$
b) $x = -2{,}5$, $x = 2{,}5$
c) $x = -2$, $x = 1$, $x = 11$

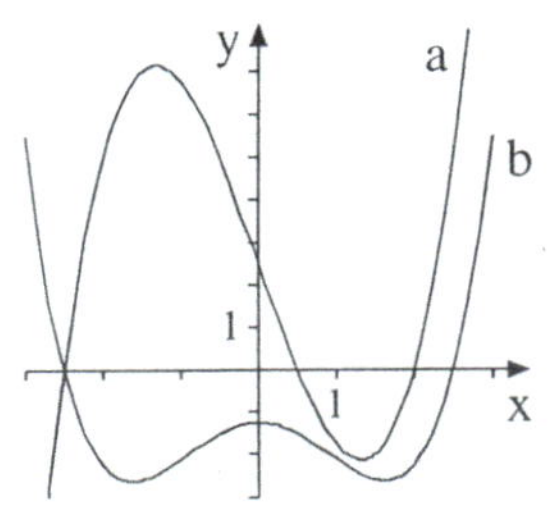

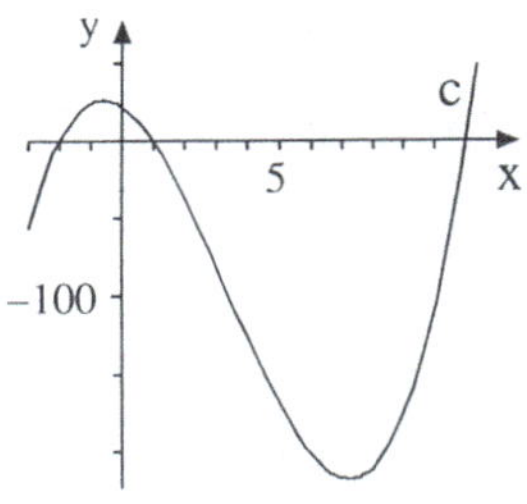

78 21. a) Nullstellen: f: $x = 0$; g: $x = 0,\ x = \pm\sqrt{\frac{1}{2}}$
Schnittpunkte: S1(0|0), S2(1|1), S3(−0,75|0,5)

b) Nullstellen: f: keine ; g: $x = \pm\sqrt{6}$
Schnittpunkte: S1(0|3), S2(2|1)

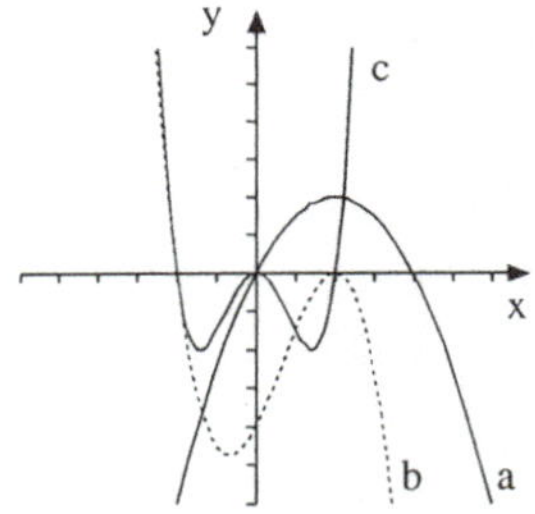

79 22. a) $f \to -\infty$ für $x \to \pm\infty$

b) $f \to \infty$ für $x \to -\infty$, $f \to -\infty$ für $x \to \infty$

c) $f \to \infty$ für $x \to \pm\infty$

23. I → A, II → D, III → B, IV → F, V → E, VI → C

24. a) $f(x) = (x - \frac{1}{2})^2 - \frac{1}{4} = x^2 - x$ b) $f(x) = x^3 - x$

c) $f(x) = x^4 - x^2$ d) $f(x) = x^3 - 1$

25. a) nur ungerade Exponenten: Symmetrie zum Ursprung
b) nur gerade Exponenten: Symmetrie zur y-Achse
c) nur ungerade Exponenten: Symmetrie zum Ursprung
d) nur gerade Exponenten: Symmetrie zur y-Achse

26. a) Hochpunkt H(−1,15|3); Tiefpunkt T(1,15|−3)
f steigt für $x < -1{,}15$ und für $x > 1{,}15$.
Dazwischen fällt f.
b) Hochpunkt H(0|0), Tiefpunkt T(3,3|-3)
f steigt für $x < 0$ und für $x > 3{,}3$.
Dazwischen fällt f.
c) kein Hochpunkt, Tiefpunkt T(1,5|−1,7)

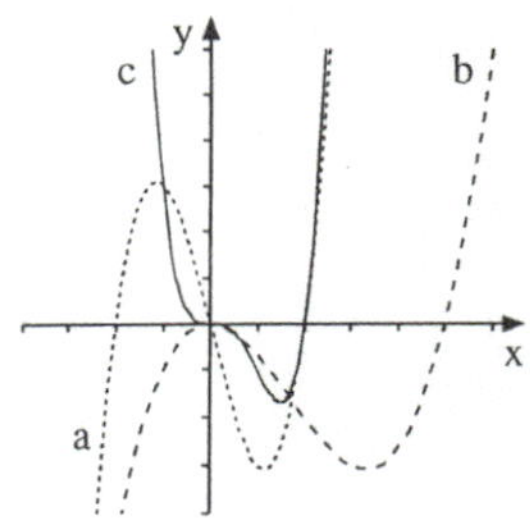

27. a)

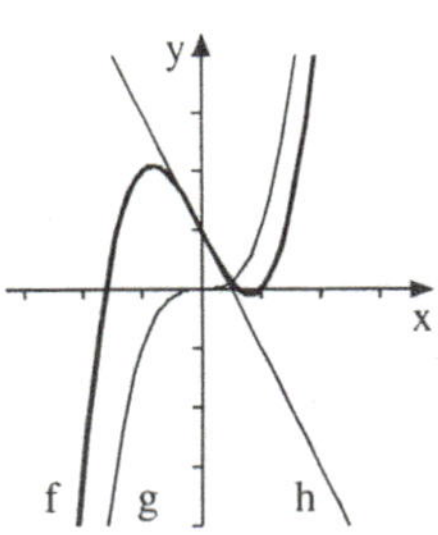

global dominiertg
lokal dominiert h

b)

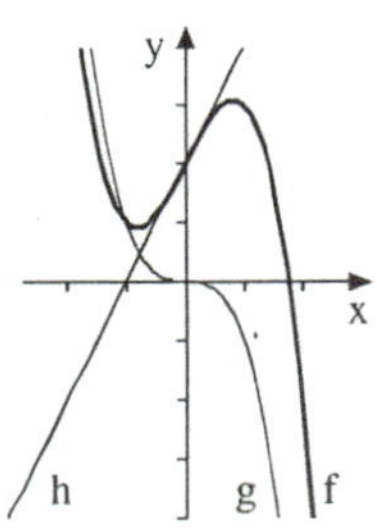

global dominiert g
lokal dominiert h

c)

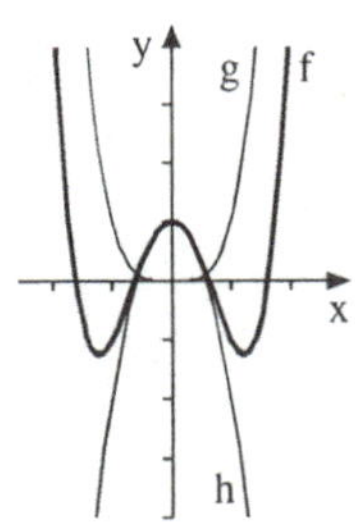

global dominiert g
lokal dominiert h

Test

82

1. a) $x^{-\frac{1}{7}} = \frac{1}{x^{1/7}}$ b) 3^{-5} c) $3^{-5/8}$

2. a) $(32^4)^{\frac{1}{20}} = 32^{\frac{1}{5}} = 2$ b) $36^{\frac{7}{2}} \cdot (\frac{1}{4})^{\frac{7}{2}} = 9^{\frac{7}{2}} = 3^7 = 2187$

   c) $(\frac{4}{0{,}05})^{\frac{4}{3}} = 80^{\frac{4}{3}} = (\sqrt[3]{8 \cdot 10})^4 = 2^4 \cdot 10 \cdot \sqrt[3]{10} = 160 \cdot \sqrt[3]{10}$

3. a) $x_0 = 0\,;\ -1\,;\ 7$ b) $x_0 = 0\,; -2\,; 1$ c) $x_0 = -2\,; 2\,; -\frac{3}{4}\,; \frac{3}{4}$

4. a) $x_0 = -3\,; 3$
   b) Symmetrie zur y-Achse
   c)

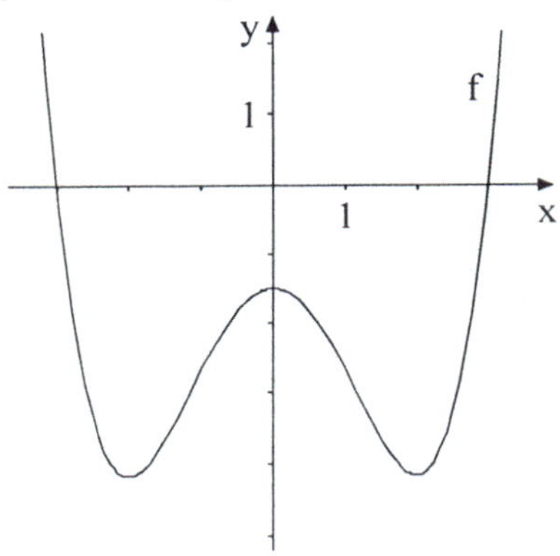

d) um 1,5 in y-Richtung: $f_1(x) = \frac{1}{6}x^4 - \frac{4}{3}x^2$

   e) $f_1(x) = (\frac{1}{6}x^2 - \frac{4}{3})x^2$
   Bei x=0 liegt eine doppelte Nullstelle.

   f) $g(x) = (x^2 - 9) \cdot \frac{1}{6} = \frac{1}{6}x^2 - 1{,}5$

   g) Streckung um $\frac{1}{6}$ und Verschiebung um $-1{,}5$ in y-Richtung

   h) $h_1(x) = 0\,;\ h_2(x) = -0{,}5x - 1{,}5\,;\ h_3(x)) = 0{,}5x - 1{,}5$

   i) $0^\circ\,;\ 26{,}6^\circ\,;\ 26{,}6^\circ$

82 5. a) $f(x) = (x-1)(x+1)(x-5) = x^3 - 5x^2 - x + 5$

b) $f_1(x) = a \cdot f(x) \quad \Rightarrow \quad f_1(-3) = 3 \quad \Rightarrow \quad f_1(-3) = a \cdot f(-3) = 3 \quad \Rightarrow \quad a = -\frac{3}{64}$

$f_1(x) = -\frac{3}{64}(x-1)(x+1)(x-5)$

c) Für den Aufgabenteil a sind unendlich viele Lösungen möglich:

$f(x) = a(x^3 - 5x^2 - x + 5)$, $a \in \mathbb{R}$ beliebig. Sie ist jedoch **eindeutig** bestimmt durch die weitere Eigenschaft, dass sie durch den Punkt $P(-3|3)$ gehen soll.

6. a) $f(x) = 3(x+2)^2 = 3(x^2+4x+4)$

$f(-x) = 3(x^2 - 4x + 4) \begin{cases} \neq f(x) \\ \neq -f(x) \end{cases} \Rightarrow$ keine Symmetrie

b) $f(-x) = (-x+2)(-x-2) = -(x-2) \cdot (-(x+2)) = (x-2)(x+2) = f(x) \Rightarrow$ Achsensymmetrie zur y-Achse

c) $f(-x) = -x(-x-1)(-x+1) = x(x+1)(1-x) = -f(x) \Rightarrow$ Punktsymmetrie zum Ursprung

1. Grenzwerte von Funktionen

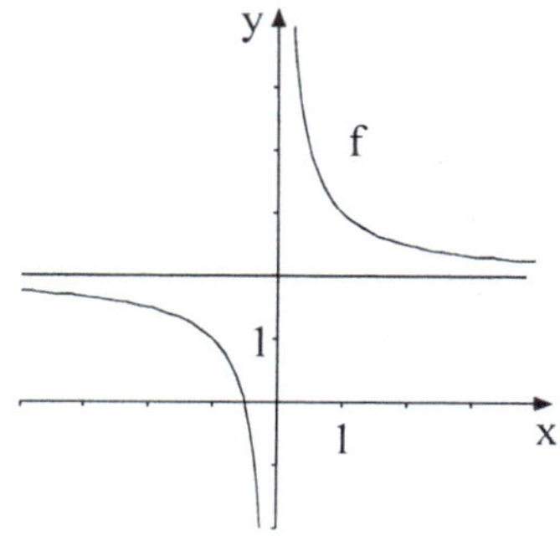

1. a) $\lim\limits_{n\to-\infty} \frac{2x+1}{x} = 2$ 84

x	-1	-10	-100	-1000	$\to -\infty$
f(x)	1	1,9	1,99	1,999	$\to 2$

b) $\lim\limits_{x\to\infty} \frac{x+1}{x^2} = 0$

x	1	10	100	1000	$\to \infty$
f(x)	2	0,11	0,0101	0,001001	$\to 0$

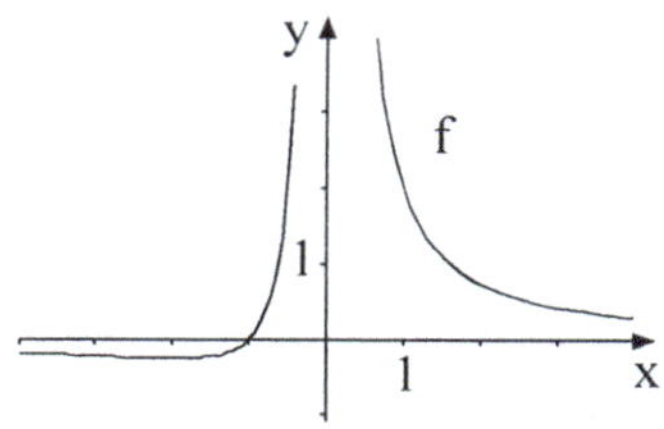

2. a) $\lim\limits_{x\to\infty} \frac{4x-1}{x} = \lim\limits_{x\to\infty} (4 - \frac{1}{x}) = \lim\limits_{x\to\infty} 4 - \lim\limits_{x\to\infty} \frac{1}{x} = 4 - 0 = 4$ 85

b) $\lim\limits_{x\to\infty} \frac{3x^2-4}{x^2} = \lim\limits_{x\to\infty} \frac{3-\frac{4}{x^2}}{1} = \frac{\lim\limits_{x\to\infty} 3 - \lim\limits_{x\to\infty} \frac{4}{x^2}}{\lim\limits_{x\to\infty} 1} = \frac{3-0}{1} = 3$

c) $\lim\limits_{x\to\infty} \frac{2x+x^2}{x^2} = \lim\limits_{x\to\infty} (\frac{\frac{2}{x}+1}{1}) = \frac{\lim\limits_{x\to\infty} \frac{2}{x} + \lim\limits_{x\to\infty} 1}{\lim\limits_{x\to\infty} 1} = \frac{0+1}{1} = 1$

d) $\lim\limits_{x\to\infty} \frac{x^2-x}{3x^2} = \frac{1}{3}$, $\lim\limits_{x\to-\infty} \frac{x^2-x}{3x^2} = \frac{1}{3}$

e) $\lim\limits_{x\to\infty} \frac{3-x^3}{x^3} = -1$, $\lim\limits_{x\to-\infty} \frac{3-x^3}{x^3} = -1$

f) $\lim\limits_{x\to\infty} \frac{x^2-1}{x(x-1)} = \lim\limits_{x\to-\infty} \frac{x+1}{x} = \lim\limits_{x\to-\infty} \frac{1+\frac{1}{x}}{1} = 1$, $\lim\limits_{x\to-\infty} \frac{x^2-1}{x(x-1)} = 1$

3. a) $T(0) = 20$, also 20°C

b) $T(60) = \frac{200}{4+\frac{6}{7}} \approx 41{,}2$°C

c) Grenztemperatur: $\lim\limits_{t\to\infty} T(t) = 50$, also 50°C

4. a) $\lim\limits_{x\to5} \frac{x^2-25}{x-5} = 10$ 88

x	4,5	4,9	4,99	4,999	5
f(x)	9,5	9,9	9,99	9,999	10

x	5,5	5,1	5,01	5,001	5
f(x)	10,5	10,1	10,01	10,001	10

88 4. b) $\lim\limits_{x\to 3} \frac{3x^2-27}{x-3} = 18$

x	2,5	2,9	2,99	2,999	$\to 3$
f(x)	16,5	17,7	17,97	17,997	$\to 18$

x	3,5	3,1	3,01	3,001	$\to 3$
f(x)	19,5	18,3	18,03	18,001	$\to 18$

c) $\lim\limits_{x\to 1} \frac{x^3-x}{x-1} = 2$

x	0,5	0,9	0,99	0,999	$\to 1$
f(x)	0,75	1,71	1,97	1,997	$\to 2$

x	1,5	1,1	1,01	1,001	$\to 1$
f(x)	3,75	2,31	2,03	2,003	$\to 2$

d) $\lim\limits_{x\to -2} \frac{x^4-16}{x+2} = -32$

x	–2,5	–2,1	–2,01	–2,001	$\to -2$
f(x)	–46,13	–34,48	–32,24	–32,024	$\to -32$

x	–1,5	–1,9	–1,99	–1,999	$\to -2$
f(x)	–21,88	–29,68	–31,76	–31,976	$\to -32$

5. a) $\lim\limits_{x\to 3} \frac{x^2-9}{2x-6} = 3$

x	2,5	2,9	2,99	2,999	$\to 3$
f(x)	2,75	2,95	2,995	2,9995	$\to 3$

x	3,5	3,1	3,01	3,001	$\to 3$
f(x)	3,25	3,05	3,005	3,0005	$\to 3$

b) divergent

x	–0,5	–0,1	–0,01	–0,001	$\to -0$
f(x)	–1	–9	–99	–999	$\to -\infty$

x	0,5	0,1	0,01	0,001	$\to +0$
f(x)	3	11	101	1001	$\to \infty$

c) $\lim\limits_{x\to 0} \frac{x+1}{x^2} = \infty$

(uneig. Grenzw.)

x	–0,5	–0,1	–0,01	–0,001	$\to -0$
f(x)	2	90	9900	999000	$\to \infty$

x	0,5	0,1	0,01	0,001	$\to +0$
f(x)	6	110	10100	1001001	$\to \infty$

6. a) $\lim\limits_{x\to 4}\frac{x^2-16}{x-4} = \lim\limits_{x\to 4}\frac{(x-4)(x+4)}{x-4} = \lim\limits_{x\to 4}(x+4) = 8$ 88

   b) $\lim\limits_{x\to -1}\frac{x^3-x}{x+1} = \lim\limits_{x\to -1}\frac{x(x-1)(x+1)}{x+1} = \lim\limits_{x\to -1}(x(x-1)) = 2$

   c) $\lim\limits_{x\to 3}\frac{3-x}{2x^2-6x} = \lim\limits_{x\to 3}\frac{3-x}{2x(x-3)} = \lim\limits_{x\to 3}\frac{1}{-2x} = -\frac{1}{6}$

   d) $\lim\limits_{x\to 2}\frac{x^4-16}{x-2} = \lim\limits_{x\to 2}\frac{(x^2+4)(x^2-4)}{x-2} = \lim\limits_{x\to 2}\frac{(x^2+4)(x+2)(x-2)}{x-2} = \lim\limits_{x\to 2}[(x^2+4)(x+2)] = 32$

7. a) $\lim\limits_{x\to -3}\frac{2x^2-18}{x+3} = \lim\limits_{h\to 0}\frac{2(-3+h)^2-18}{(-3+h)+3} = \lim\limits_{h\to 0}\frac{-12h+2h^2}{h} = \lim\limits_{h\to 0}(-12+2h) = -12$

   b) $\lim\limits_{x\to 5}\frac{x^2-7x+10}{x-5} = \lim\limits_{h\to 0}\frac{(5+h)^2-7(5+h)+10}{(5+h)-5} = \lim\limits_{h\to 0}\frac{h^2+3h}{h} = \lim\limits_{h\to 0}(h+3) = 3$

   c) $\lim\limits_{x\to 1}\frac{x^2-x}{x-1} = \lim\limits_{h\to 0}\frac{(1+h)^2-(1+h)}{(1+h)-1} = \lim\limits_{h\to 0}\frac{h^2+h}{h} = \lim\limits_{h\to 0}(h+1) = 1$

   d) $\lim\limits_{x\to x_0}\frac{x^2-x_0^2}{x-x_0} = \lim\limits_{h\to 0}\frac{(x_0+h)^2-x_0^2}{(x_0+h)-x_0} = \lim\limits_{h\to 0}\frac{2x_0h+h^2}{h} = \lim\limits_{h\to 0}(2x_0+h) = 2x_0$

8. a) ∞ b) 0 c) ∞

9. Gerade: $y = -\frac{1}{3}x + \frac{4}{3}$
   Die Gerade schneidet die x-Achse bei $x = 4$
   Länge der Treppe: 4

10. a) mit TR: x= 1000: 0,4998751 ; x = 100000: 0,5

   Rechnung: $\lim\limits_{x\to\infty}(\sqrt{x^2+x}-x) = \lim\limits_{x\to\infty}(x(\sqrt{1+\frac{1}{x}}-1)) = \lim\limits_{x\to\infty}(x\frac{(\sqrt{1+\frac{1}{x}}-1)(\sqrt{1+\frac{1}{x}}+1)}{(\sqrt{1+\frac{1}{x}}+1)})$

   $= \lim\limits_{x\to\infty}(x\frac{\frac{1}{x}}{(\sqrt{1+\frac{1}{x}}+1)}) = \lim\limits_{x\to\infty}(\frac{1}{(\sqrt{1+\frac{1}{x}}+1)}) = \frac{1}{2}$

   b) mit TR: x = 0,1: 0,794... ; x = 0,0001: 0,999079... ; x = 0,000001: 0,999986...

   c) $a_n^2 - 4a_n + 4 - \frac{1}{n^2} = 0$, $a_n = 2 \pm \frac{1}{n} \to 2$ für $n \to \infty$

89 11. a) $\lim\limits_{x\to\infty}(1+\frac{15}{2x-1})=1$

b) $1+\frac{15}{2x-1}=2$, $2x-1=15$, $x=8$

c) $1+\frac{15}{2x-1}=0$, $2x-1=-15$, $x=-7$

90 12. a) $\lim\limits_{x\to\infty}\frac{3x^2-1}{1-x^2}=\lim\limits_{x\to\infty}\frac{3-\frac{1}{x^2}}{\frac{1}{x^2}-1}=-3$, $\lim\limits_{x\to-\infty}\frac{3x^2-1}{1-x^2}=\lim\limits_{x\to-\infty}\frac{3-\frac{1}{x^2}}{\frac{1}{x^2}-1}=-3$

b) $\lim\limits_{x\to\infty}\frac{2x^3+5}{x^3-x}=\lim\limits_{x\to\infty}\frac{2+\frac{5}{x^3}}{1-\frac{1}{x^2}}=2$, $\lim\limits_{x\to-\infty}\frac{2x^3+5}{x^3-x}=\lim\limits_{x\to-\infty}\frac{2+\frac{5}{x^3}}{1-\frac{1}{x^2}}=2$

c) $\lim\limits_{x\to\infty}\frac{2-3x^2}{2x^2+x}=\lim\limits_{x\to\infty}\frac{\frac{2}{x^2}-3}{2+\frac{1}{x}}=-\frac{3}{2}$, $\lim\limits_{x\to-\infty}\frac{2-3x^2}{2x^2+x}=\lim\limits_{x\to-\infty}\frac{\frac{2}{x^2}-3}{2+\frac{1}{x}}=-\frac{3}{2}$

d) $\lim\limits_{x\to\infty}\frac{x^2-2x}{2x^2+2x}=\lim\limits_{x\to\infty}\frac{1-\frac{2}{x}}{2+\frac{2}{x}}=\frac{1}{2}$, $\lim\limits_{x\to-\infty}\frac{x^2-2x}{2x^2+2x}=\lim\limits_{x\to-\infty}\frac{1-\frac{2}{x}}{2+\frac{2}{x}}=\frac{1}{2}$

13. a) $x = 3{,}01$: $6{,}01$; $x = 2{,}99$: $5{,}99$; Grenzwert 6
b) $x = -3{,}01$: $-108{,}54$; $x = -2{,}99$: $-107{,}46$; Grenzwert -108
c) $x = 2{,}01$: $24{,}12$; $x = 1{,}99$: $23{,}88$; Grenzwert 24
d) $x = 3{,}01$: $-18{,}03$; $x = 2{,}99$: $-17{,}97$; Grenzwert -18

91 14. a) $x = 1000$: $2{,}001$; Grenzwert 2
b) $x = 1000$: $-1{,}997$; Grenzwert -2
c) $x = -1000$: -1; Grenzwert -1

15. a) $\lim\limits_{x\to\infty}\frac{2x+1}{x}=\lim\limits_{x\to\infty}\frac{2+\frac{1}{x}}{1}=2$ b) $\lim\limits_{x\to\infty}\frac{1-2x}{x+1}=\lim\limits_{x\to\infty}\frac{\frac{1}{x}-2}{1+\frac{1}{x}}=-2$ c) $\lim\limits_{x\to\infty}\frac{x^2-x}{1-x^2}=\lim\limits_{x\to\infty}\frac{1-\frac{1}{x}}{\frac{1}{x}-1}=-1$

16. a) $x = -0{,}01$: -100; $x = 0{,}01$: 100; Grenzwert existiert nicht
b) $x = -0{,}01$: $-1{,}01$; $x = 0{,}01$: $0{,}0001$; Grenzwert existiert nicht
c) $x = 0{,}99$: $1{,}98$; $x = 1{,}01$: $1{,}99$; Grenzwert 2

17. $\lim\limits_{x\to\infty}\frac{2x}{x-2}=2$, $\lim\limits_{x\to 0}\frac{x^2-x}{x}=-1$, $\lim\limits_{x\to 2}\frac{2x^2-8}{x-2}=8$, $\lim\limits_{x\to 2}(x^2+\frac{1}{x})=4{,}5$

$\lim\limits_{x\to\infty}\frac{3x}{x-x^2}=0$, $\lim\limits_{x\to\infty}\frac{x^2+1}{x}=\infty$

18. a) $T(0) = 20°C$
b) $T(4) = 36°C$
c) Grenztemperatur: 40°C
d) $T(t) = 35$ gilt für $t = 3$

2. Die mittlere Änderungsrate

1. a) Zeitraum: mittlere Wachstumsrate $\frac{\Delta f}{\Delta t}$ in Mio Personen / Jahr 93

1870 - 1890: $\frac{10}{20} = 0{,}50$ Mio / Jahr

1890 - 1920: $\frac{35}{30} \approx 1{,}17$ "

1920 - 1930: $\frac{10}{10} = 1{,}00$ "

1930 - 1950: $\frac{5}{20} = 0{,}25$ "

1950 - 1990: $-\frac{5}{40} = -0{,}125$ "

1990 - 2000: $\frac{5}{10} = 0{,}5$ "

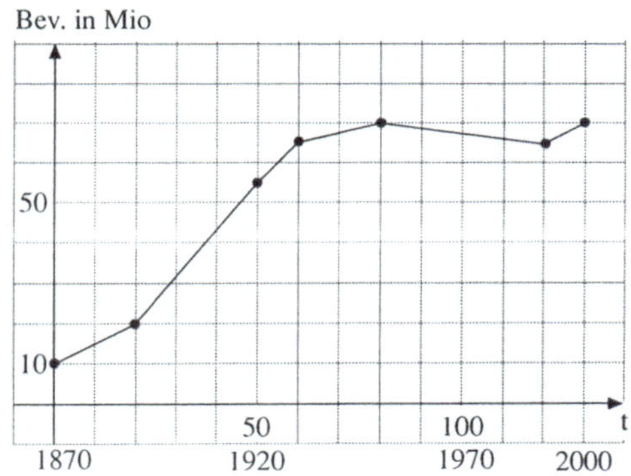

b) $\frac{\Delta f}{\Delta x} = \frac{65-65}{40} = 0$ Mio / Jahr

Die Schwankungen der Bevölkerungszahl zwischen 1930 und 1990 gleichen sich insgesamt aus, so dass für den Gesamtzeitraum im Mittel Nullwachstum vorliegt.

2. a) $\frac{\Delta f}{\Delta x} = 2$ b) $\frac{\Delta f}{\Delta x} = 2{,}5$ c) $\frac{\Delta f}{\Delta x} = -4$ 94

3. a) Ansatz: $\frac{\Delta f}{\Delta x} = 15$, $\frac{f(4)-f(1)}{4-1} = 15$, $\frac{15a}{3} = 15 \Rightarrow a = 3$

b) Ansatz: $\frac{\Delta f}{\Delta x} = 9$, $\frac{f(a)-f(0)}{a-0} = 9$, $\frac{a^3-0}{a} = 9$, $a^2 = 9 \Rightarrow a = 3$

(a = –3 entfällt, da a > 0)

4. b) $[-2;0]$: $\frac{\Delta f}{\Delta x} = \frac{0-8}{0-(-2)} = -4$ 95

$[0;3]$: $\frac{\Delta f}{\Delta x} = \frac{3-0}{3-0} = 1$

c) $[-1;3]$: $\frac{\Delta f}{\Delta x} = \frac{3-3}{3-(-1)} = 0$

Die Funktion ändert sich zwar im Intervall $[-1;3]$, aber sie hat am Intervallende den gleichen Wert wie am Intervallanfang. Die mittlere Steigung ist daher 0.

4. a)

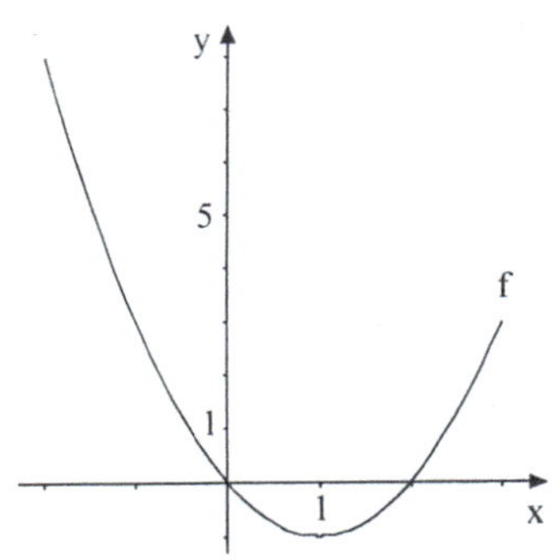

5. 96

t	0	1	4	19
s	0	0,4	10	160

$[0;1]$: $\frac{\Delta s}{\Delta t} = \frac{0{,}4}{1} = 0{,}4\,\frac{m}{s}$, $[1;4]$: $\frac{\Delta s}{\Delta t} = \frac{9{,}6}{3} = 3{,}2\,\frac{m}{s}$, $[4;19]$: $\frac{\Delta s}{\Delta t} = \frac{150}{15} = 10\,\frac{m}{s}$

Die Durchschnittsgeschwindigkeit der gesamten Fahrt lautet: $\overline{s} = \frac{\Delta s}{\Delta t} = \frac{160}{19} = 8{,}42\,\frac{m}{s}$

6. a) $s(3) = 8{,}1$ m

b) $\frac{\Delta s}{\Delta t} = \frac{8{,}1}{3} = 2{,}7\,\frac{m}{s}$ c) $\frac{\Delta s}{\Delta t} = \frac{s(3{,}1)-s(3)}{3{,}1-3} = \frac{0{,}549}{0{,}1} = 5{,}49\,\frac{m}{s}$

97 7. a) Im Intervall [0;10] steigt der Graph nahezu linear an.
Langfristig wird sich der Bestand auf 800 Echsen einstellen.

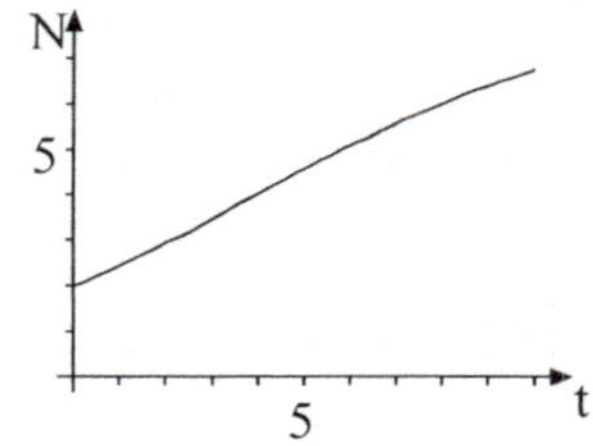

b) mittlere Wachstumsrate:

ersten beide Jahre: $\frac{N(2)-N(0)}{2-0} \approx \frac{2{,}94-2}{2} = 0{,}47$

drittes Jahr: $\frac{N(3)-N(2)}{3-2} \approx \frac{3{,}47-2{,}94}{1} = 0{,}53$

viertes Jahr: $\frac{N(4)-N(3)}{4-3} \approx \frac{4{,}02-3{,}47}{1} = 0{,}55$

zehntes Jahr: $\frac{N(10)-N(9)}{10-9} \approx \frac{6{,}74-6{,}41}{1} = 0{,}33$

Die mittlere Wachstumsrate steigt bis zum 4. Jahr auf ca. 55 Echsen/Jahr an. Danach nimmt sie wieder ab.

8. a) 0,5 b) 6,5 c) –2

9. a) $\frac{\Delta f}{\Delta x} = \frac{a^2-4}{a-2} = \frac{(a+2)(a-2)}{a-2} = a+2$ b) Ansatz: $\frac{\Delta f}{\Delta x} = 6$, $a+2=6$, $a=4$

10. a) $0{,}6 = 1500t^2$ gilt für $t = 0{,}02$
Der Vorgang dauert 0,02 Sekunden.

b) mittlere Geschwindigkeit: $m = \frac{s(0{,}02)-s(0)}{0{,}02-0} = \frac{0{,}6-0}{0{,}02} = 30\,\frac{m}{s}$

11. a) $[\frac{1}{2};1]$: -2, $[1;2]$: $-0{,}5$, $[2;3]$: $-0{,}17$

b) $[0;1]$: 1, $[1;2]$: $0{,}41$, $[2;4]$: $0{,}29$

c) $[0;1]$: $0{,}84$, $[1;\pi-1]$: 0, $[\pi-1;\pi]$: $-0{,}84$

12. a)

t in s	0	1	2	3	4
h(t) in m	0	48	60	65,5	68,6

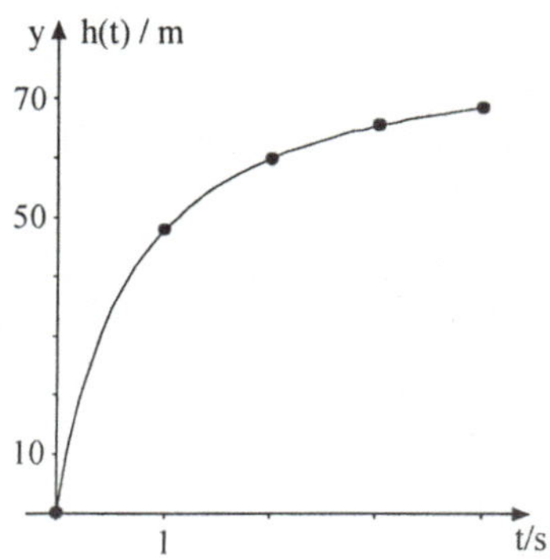

Zeit für 60 m Höhe:
1. Ablesen aus der Wertetabelle oder dem Graphen: t = 2 s
2. Rechnerische Lösung: $h(t) = 60$, $80 - \frac{80}{1{,}5t+1} = 60$

$\frac{80}{1{,}5t+1} = 20$, $1{,}5t+1 = 4$, $t = 2$

Maximal erreichbare Höhe:
80 m ist die (nicht ganz erreichbare) obere Grenze, da der Term

$\frac{80}{1{,}5t+1}$ für $t \to \infty$ gegen null strebt.

b) 1. Flugsekunde: $\frac{\Delta h}{\Delta t} = \frac{h(1)-h(0)}{1-0} = 48\,\frac{m}{s}$, 4. Flugsekunde: $\frac{\Delta h}{\Delta t} = \frac{h(4)-h(3)}{4-3} = 3{,}1\,\frac{m}{s}$ 97
Steiggeschwindigkeit auf den ersten 30 Metern:
1. $h(t) = 30$, $80 - \frac{80}{1{,}5t+1} = 30$, $\frac{80}{1{,}5t+1} = 50$, $1{,}5t + 1 = 1{,}6$, $t = 0{,}4\ s$
2. $\frac{\Delta h}{\Delta t} = \frac{h(0{,}4)-h(0)}{0{,}4-0} = \frac{30}{0{,}4} = 75\,\frac{m}{s}$

13. 98

Zeitraum	mittlere Änderungsrate in Mio / Jahr Indien	USA
1950 - 1960	7,6	2,9
1960 - 1970	10,9	2,4
1970 - 1980	13,2	2,2
1980 - 1990	15,5	2,3
1990 - 2000	16,1	3,2
2000 - 2050	11,9	2,8

Die indischen Wachstumsraten sind bis zu 6-mal höher als die US-amerikanischen Raten.

14.

Segment	I	II	III	IV
Durchschnittsgeschwindigkeit in km/h	96	72	72	120

Lediglich im 3. Segment war der Fahrer mit 72km/h um 12km/h zu schnell.

15. übers Jahr gemittelt: Werk A: $\frac{400 \cdot 2 + 380 \cdot 3 + 400 \cdot 1 + 600 \cdot 6}{12} = 495$ / Mon

Werk B: $\frac{480 \cdot 2 + 400 \cdot 3 + 600 \cdot 1 + 500 \cdot 6}{12} = 480$ / Mon

Der Vorwurf ist nicht berechtigt. Übers Jahr gesehen ist Werk A erfolgreicher.

16. a) $m = \frac{f(30)-f(0)}{30-0} = \frac{37{,}5-60}{30} = -0{,}75$ 99

b) erster Meter: $m = \frac{f(1)-f(0)}{1-0} \approx \frac{59-60}{1} = -1$; letzter Meter: $m = \frac{f(30)-f(29)}{30-29} \approx \frac{37{,}5-38}{1} = -0{,}5$

17. Die Durchschnittsgeschwindigkeit in den aufgezeichneten 4 Minuten beträgt zwar nur 75 km/h, aber es ist auch zu erkennen, dass er in der 3. Minute 1,5 km zurückgelegt hat. Das entspricht einer Durchschnittsgeschwindigkeit in dieser Minute von 90 km/h und bestätigt die Polizei.

99 18. b) Nach 8 Stunden haben beide Gruppen den gleichen Weg zurückgelegt. Daher haben sie auch die gleiche Durchschnittsgeschwindigkeit von 7 km/h auf der Gesamtstrecke.

c) Die 2. Gruppe hat mit 15 km/h (in der 4. Stunde) die schnellerenPaddler. Die 1. Gruppe liegt mit 10 km/h (in der 1. Stunde) dahinter.

a)

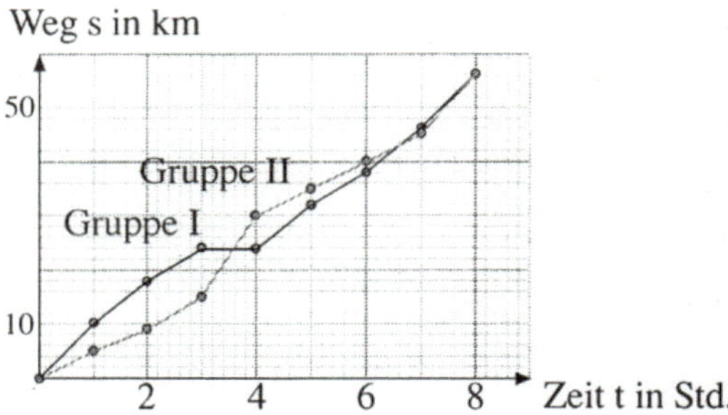

d) Gruppe I paddelt nahezu gleichmäßig und gönnt sich die 4. Stunde als Pause. Gruppe II beginnt gemächlich, gleicht dies durch einen Zwischenspurt mehr als aus, um dann wieder die erste Gruppe aufschließen zu lassen.

3. Die lokale Änderungsrate

101 1. a) $f'(2) = 4$ b) $f'(1) = 2$ c) $f'(1) = -2$

2. a) $f'(1) = 1$ b) $f'(2) = 4$ c) $f'(2) = -4$

102 3. a) $f'(2) = 3$ b) $f'(1) = -1$

103 4. Momentangeschwindigkeit
nach der ersten Sekunde: $v(1) = s'(1) = 8$ m/s
nach der zweiten Sekunde: $v(2) = s'(2) = 16$ m/s
nach der dritten Sekunde: $v(3) = s'(3) = 24$ m/s

104 5. a) $\frac{p(5)-p(0)}{5-0} = \frac{125-75}{5} = 10$ Schläge/min pro Minute

b) $p(3) = 147$

105 6. a) $f'(2) = 2$ b) $f'(2) = -4$

c) $f'(1) = -1$

7. a) $f'(2) = 2$ b) $f'(2) = -4$

c) $f'(3) = 2$

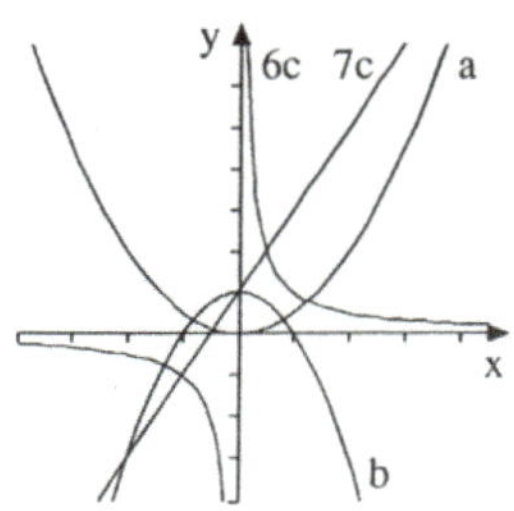

8. a) $s(1) = 1{,}5\text{m}$, $s(5) = 37{,}5\text{m}$

b) $\overline{v} = \frac{s(5)-s(0)}{5-0} = \frac{37{,}5-0}{5} = 7{,}5\,\frac{\text{m}}{\text{s}}$

c) $v'(5) = 15$ m/s

9. a) P: $f'(1) = -2$ b) P: $f'(1) = \lim\limits_{x\to 1} \frac{4-x^2-3}{x-1} = \lim\limits_{x\to 1}(-\frac{x^2-1}{x-1}) = \lim\limits_{x\to 1}(-(x+1) = -2$ 105

Q: $f'(2) = -4$ Q: $f'(2) = \lim\limits_{x\to 2} \frac{4-x^2-0}{x-2} = \lim\limits_{x\to 2}(-\frac{x^2-4}{x-2}) = \lim\limits_{x\to 1}(-(x+2) = -4$

10. a) Fallstrecke in der ersten Sekunde: $s(1) = 0{,}8\text{m} = 80\text{cm}$

Durchschnittsgeschwindigkeit: $\overline{v} = \frac{s(1)-s(0)}{1-0} = \frac{0{,}8-0}{1} = 0{,}8\frac{m}{s}$

b) $s'(1) = 1{,}6$ m/s

c) $s'(10) = \lim\limits_{t\to 10} \frac{0{,}8t^2-80}{t-10} = \lim\limits_{t\to 10} \frac{0{,}8(t^2-100)}{t-10} = \lim\limits_{t\to 10}(0{,}8(t+10)) = 16$

d) $s(t) = 4:\quad t = \sqrt{5}$

$s'(\sqrt{5}) = \lim\limits_{t\to\sqrt{5}} \frac{0{,}8t^2-80}{t-\sqrt{5}} = \lim\limits_{t\to\sqrt{5}} \frac{0{,}8(t^2-5)}{t-\sqrt{5}} = \lim\limits_{t\to\sqrt{5}}(0{,}8(t+\sqrt{5})) = 1{,}6\cdot\sqrt{5} \approx 3{,}58\frac{m}{s}$

11. b) $H_1(1|1{,}85)$, $H_2(4|3{,}2)$, $T(2|1{,}6)$ 106

c) $f'(2) = 0$

d) $f'(3) = \lim\limits_{x\to 3} \frac{-0{,}05(3x^4-28x^3+84x^2-96x)-2{,}25}{x-3}$.

x	2,99	2,999
f'	1,197	1,1997

, $f'(3) = 1{,}2$

45° Neigung bedeutet $f'(3) = 1$.
$f'(3) = 1{,}2$ bedeutet also: mehr als 45° Neigung.
bzw. $\tan\alpha = 1{,}2$, $\alpha \approx 50{,}2°$

a)

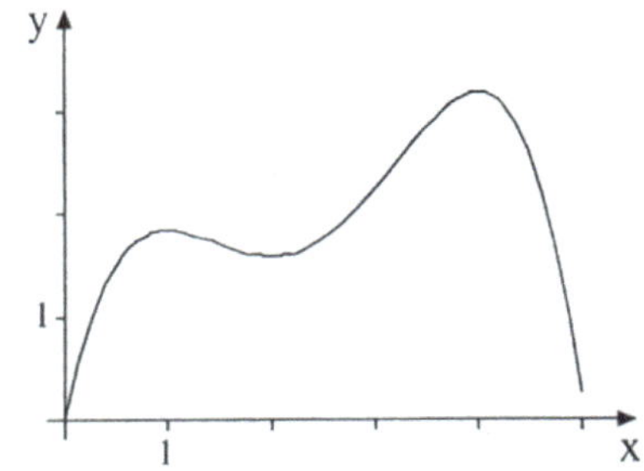

12. b) $T(3) = 560°C$

c) 300m: $\frac{T(3)-T(0)}{3-0} = \frac{560-1100}{3} = -180\frac{°C}{100m}$

400m-500m:

$\frac{T(5)-T(4)}{5-4} = \frac{100-300}{1} = -200\frac{°C}{100m}$

d) $T'(3) = \lim\limits_{x\to 3} \frac{10x^3-90x^2+540}{x-3}$, $x = 2{,}999$, $T' = -269{,}99999$

$T'(3) = -270$ °C/100m

a)

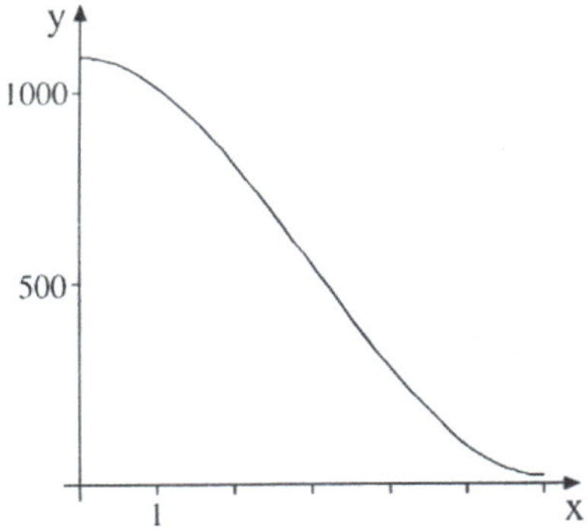

106 13. a) Der Ballon steigt zunächst mit nahezu konstanter Geschwindigkeit.
Nach ca. einer Stunde nimmt die Steiggeschwindigkeit deutlich ab.
Nach 3 Stunden ist erkennbar, dass bald die Gipfelhöhe erreicht ist.

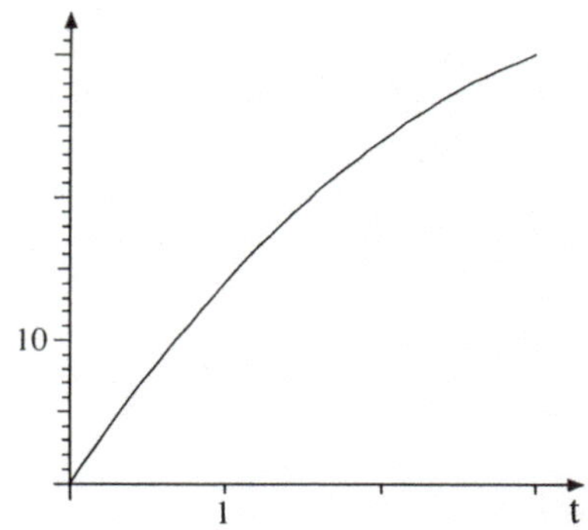

b) $\overline{v} = \frac{h(0,5)-h(0)}{0,5-0} = \frac{7,5-0}{0,5} = 15\,\frac{\text{km}}{\text{Std.}}$

c) $h'(0) = \lim\limits_{t\to 0} \frac{-2t^2+16t-0}{t-0}$, $\begin{matrix} t = 0{,}0001 \\ h' = 15{,}9998 \end{matrix}$, $h'(0) = 16$

d) $h(t) = 24$ gilt für $t = 2$ (6)

$h'(2) = \lim\limits_{t\to 2} \frac{-2t^2+16t-24}{t-2}$, $\begin{matrix} t = 1{,}999 \\ h' = 8{,}002 \end{matrix}$, $h'(2) = 8$

Test

108 1. $\lim\limits_{x\to\infty} \frac{1-2x}{x+2} = -2$, $\lim\limits_{x\to-\infty} \frac{1-2x}{x+2} = -2$

2. $\lim\limits_{x\to 4} \frac{2x^2-32}{x-4} = \lim\limits_{x\to 4} \frac{2(x-4)(x+4)}{x-4} = \lim\limits_{x\to 4} 2(x+4) = 16$

$\lim\limits_{x\to 4} \frac{2x^2-32}{x-4} = \lim\limits_{h\to 0} \frac{2(4+h)^2-32}{h} = \lim\limits_{h\to 0} \frac{16h+2h^2}{h} = \lim\limits_{h\to 0}(16+2h) = 16$

3. $\lim\limits_{x\to\infty} \frac{1+x-x^2}{1-x+x^2} = -1$, $\lim\limits_{x\to\infty} \frac{2x+1}{x^2} = 0$, $\lim\limits_{x\to\infty} \frac{2x+1}{2+4x} = \frac{1}{2}$, $\lim\limits_{x\to\infty} \frac{x^2+1}{x+2} = \infty$

4. b) mittlere Änderungsrate:

$\overline{h} = \frac{7-0}{14-0} = \frac{1}{2}\,\frac{\text{cm}}{\text{Tag}}$

a)

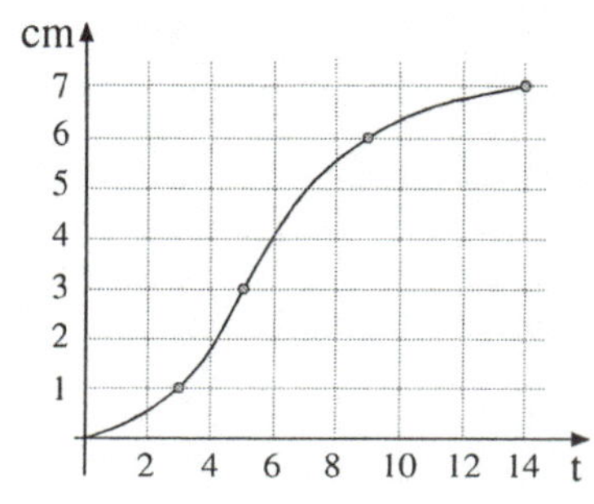

c) I_1: $\frac{1-0}{3-0} = \frac{1}{3}\,\frac{\text{cm}}{\text{Tag}}$

I_2: $\frac{3-1}{5-3} = 1\,\frac{\text{cm}}{\text{Tag}}$

I_3: $\frac{6-3}{9-5} = \frac{3}{4}\,\frac{\text{cm}}{\text{Tag}}$

I_4: $\frac{7-6}{14-9} = \frac{1}{5}\,\frac{\text{cm}}{\text{Tag}}$

Im zweiten Intervall, vom 3. bis zum 5. Tag, wächst sie am schnellsten.

5. b) I_1: $\frac{2000-0}{4-0} = 500\,\frac{\text{m}}{\text{min}}$ (Steigen)

I_2: $\frac{200-2000}{10-4} = -300\,\frac{\text{m}}{\text{min}}$ (Sinken)

I_3: $\frac{0-200}{12-10} = -100\,\frac{\text{m}}{\text{min}}$ (Sinken)

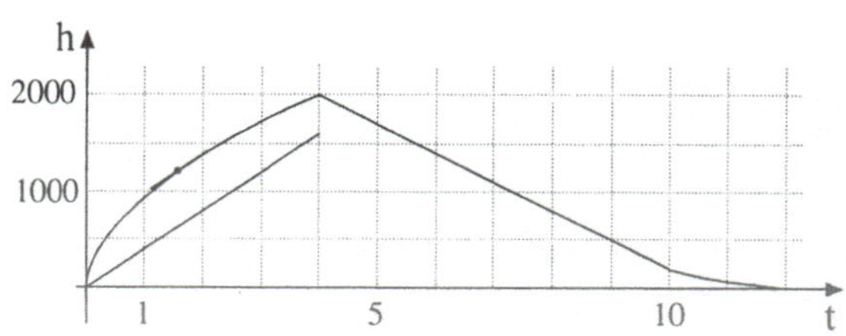

108

c) Um 400 m/min kann das Flugzeug nur imn 1. Flugabschnitt steigen.
Die Ursprungsgerade durch P(4|2000) hat die mittlere Steigung 500 m/min.
Die Steigung 400 m/min hat also die Ursprungsgerade durch Q(4|1600).
Man legt also ein Geodreieck längs dieser Geraden und verschiebt es parallel zur Geraden, bis es tangential am Graphen anliegt. Dies trifft bei ca. x = 1,5 zu.
Zur Kontrolle die nicht geforderte Rechnung:

$$h'(t_0) = \lim_{t\to t_0} \frac{1000(\sqrt{t}-\sqrt{t_0})}{t-t_0} = \lim_{t\to t_0} \frac{1000(\sqrt{t}-\sqrt{t_0})}{(\sqrt{t}-\sqrt{t_0})(\sqrt{t}+\sqrt{t_0})} = \lim_{t\to t_0} \frac{1000}{(\sqrt{t}+\sqrt{t_0})} = \frac{1000}{2\sqrt{t_0}} = 400$$

$$\Rightarrow \quad t_0 = 1{,}5625\,\text{min}$$

6. a) $\frac{f(2)-f(0)}{2-0} = \frac{2-0}{2-0} = 1$

b) 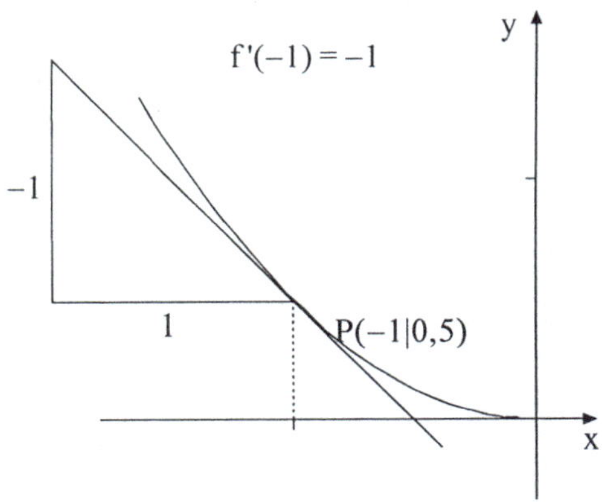

c) $f'(2) = \lim_{x\to 2} \frac{f(x)-f(2)}{x-2} = \lim_{x\to 2} \frac{1}{2}\cdot\frac{x^2-4}{x-2}$
$= \lim_{x\to 2} \frac{1}{2}\cdot\frac{(x-2)(x+2)}{x-2}$
$= \lim_{x\to 2} \frac{1}{2}\cdot(x+2) = 2$

7. a) rechts unten
b) Der Zeichnung kann man entnehmen, dass bei t = 5 eine waagerechte Tangente von S vorliegt, d.h. s'(5) = v(5) = 0. Das Auto steht nach 5 Sekunden.
c) $\overline{v} = \frac{s(5)-s(0)}{5-0} = \frac{100-0}{5} = 20\,\frac{m}{s} = 72\,\frac{km}{h}$
d) Steigungsdreick bei x = 0 anlegen:
v = 40 m/s

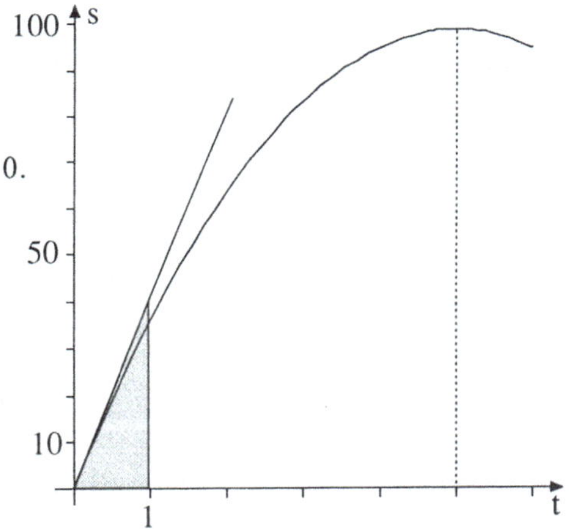

IV. Steigung und Ableitung
1. Die Steigung einer Kurve

111 1.

Punkt	A	B	C	D	E
Steigung	–2	0	1	0	–3

Steigung m = 0,5 gilt bei x = 1,3 bzw. x = 2,7.
Die Steigung ist positiv zwischen B und D, d.h. im Intervall $(0,5;3]$.
Sie ist negativ von links kommend bis B und ab D nach rechts gehend, d.h. in den Intervallen $x < 0,5$ und $x > 3$.

2. Das erste und das dritte Dreieck ist falsch: Das 1. ist zu flach, das 3. zu steil.
Das 2. Dreieck ist richtig. Die Steigung ist m = 1.

3. Steigung bei $x_0 = 1$: m = 0,5 ; Steigung bei $x_0 = 4$: m = 0,25
Im Ursprung ist die y-Achse die Tangente, d.h. die Steigung ist ∞.
Die Steigung nimmt dann rasch ab, bei $x_0 = 1$ beträgt sie 0,5.
Bei $x_0 = 4$ ist sie auf 0,25 gefallen. Sie nimmt dann immer weiter ab, bleibt aber positiv.

4. a)

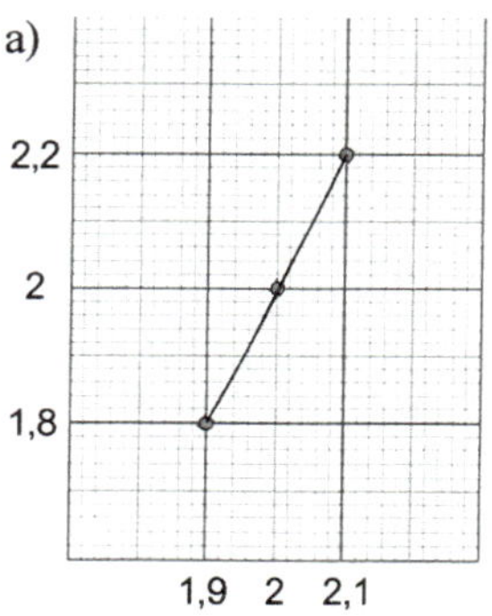

m = 2

b)

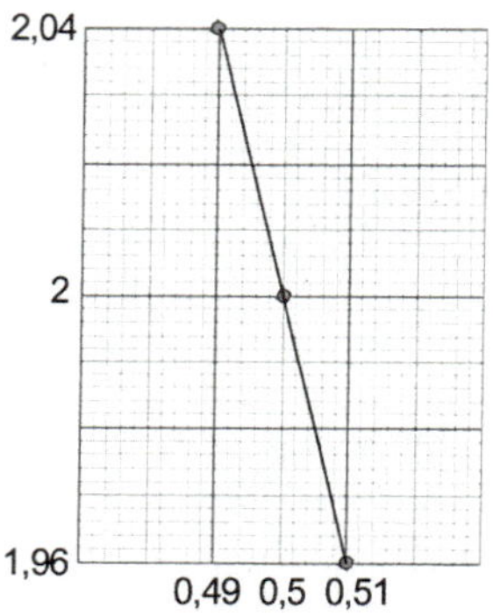

m = –4

114 5. a) $f'(-1) = \lim\limits_{x\to -1} \frac{f(x)-f(-1)}{x+1} = \lim\limits_{x\to -1} \frac{x^2-1}{x+1} = \lim\limits_{x\to -1} \frac{(x+1)(x-1)}{x+1} = \lim\limits_{x\to -1} (x-1) = -2$

b) $f'(2) = \lim\limits_{x\to 2} \frac{f(x)-f(2)}{x-2} = \lim\limits_{x\to 2} \frac{0,5x^2-2}{x-2} = \lim\limits_{x\to 2} \frac{0,5(x+2)(x-2)}{x-2} = \lim\limits_{x\to 2} 0,5(x+2) = 2$

c) $f'(1) = \lim\limits_{x\to 1} \frac{f(x)-f(1)}{x-1} = \lim\limits_{x\to 1} \frac{ax^2-a}{x-1} = \lim\limits_{x\to 1} \frac{a(x+1)(x-1)}{x-1} = \lim\limits_{x\to 1} a(x+1) = 2a$

115 6. a) $f'(1) = \lim\limits_{h\to 0} \frac{f(1+h)-f(1)}{h} = \lim\limits_{h\to 0} \frac{(1+h)^2-1}{h} = \lim\limits_{h\to 0} \frac{1+2h+h^2-1}{h} = \lim\limits_{h\to 0}(2+h) = 2$

b) $f'(-1) = \lim\limits_{h\to 0} \frac{f(-1+h)-f(-1)}{h} = \lim\limits_{h\to 0} \frac{2(-1+h)^2-2}{h} = \lim\limits_{h\to 0} \frac{-4h+2h^2}{h} = \lim\limits_{h\to 0}(-4+2h) = -4$

c) $f'(2) = \lim\limits_{h\to 0} \frac{f(2+h)-f(2)}{h} = \lim\limits_{h\to 0} \frac{(2+h)^3-8}{h} = \lim\limits_{h\to 0} \frac{12h+6h^2+h^3}{h} = \lim\limits_{h\to 0}(12+6h+h^2) = 12$

d) $f'(1) = \lim\limits_{h\to 0} \frac{f(1+h)-f(1)}{h} = \lim\limits_{h\to 0} \frac{2(1+h)-2}{h} = \lim\limits_{h\to 0} \frac{2h}{h} = \lim\limits_{h\to 0} 2 = 2$

7. $f'(2)=\lim\limits_{h\to 0}\frac{(2+h)^4-16}{h}=\lim\limits_{h\to 0}\frac{32h+24h^2+8h^3+h^4}{h}=\lim\limits_{h\to 0}(32+24h+8h^2+h^3)=32$ 115

8. a) $f'(1)=\lim\limits_{h\to 0}\frac{f(1+h)-f(1)}{h}=\lim\limits_{h\to 0}\frac{1+2h+h^2-1-h-0}{h}=\lim\limits_{h\to 0}\frac{h+h^2}{h}=\lim\limits_{h\to 0}(1+h)=1$ 116

b) $f'(-2)=\lim\limits_{h\to 0}\frac{f(-2+h)-f(-2)}{h}=\lim\limits_{h\to 0}\frac{8-8h+2h^2+1-9}{h}=\lim\limits_{h\to 0}\frac{-8h+2h^2}{h}=\lim\limits_{h\to 0}(-8+2h)=-8$

c) $f'(2)=\lim\limits_{h\to 0}\frac{f(2+h)-f(2)}{h}=\lim\limits_{h\to 0}\frac{6+3h+2-8}{h}=\lim\limits_{h\to 0}\frac{3h}{h}=\lim\limits_{h\to 0}3=3$

9. a) f ist bei $x_0=0$ nicht differenzierbar, da der Graph dort einen Knick besitzt.
b) f ist bei $x_0=0$ nicht differenzierbar, da der Graph dort eine Sprungstelle besitzt.
c) f ist bei $x_0=0$ nicht differenzierbar, da der Graph dort nur eine einseitige Tangente (rechts) besitzt und diese außerdem senkrecht steht, sodass sie keine endliche Steigung hat..

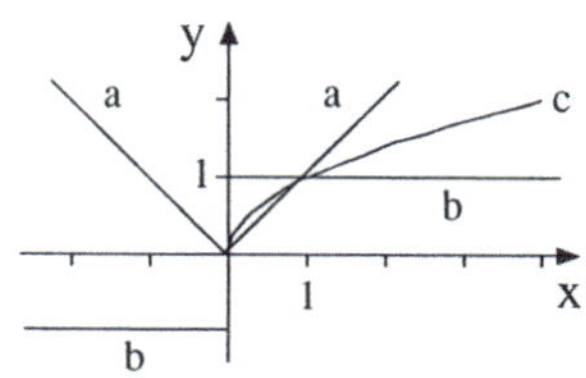

2. Die Ableitungsfunktion

1. a) 117

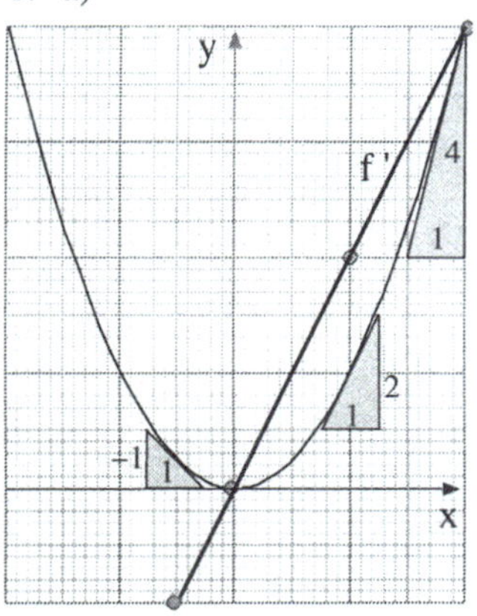

b)

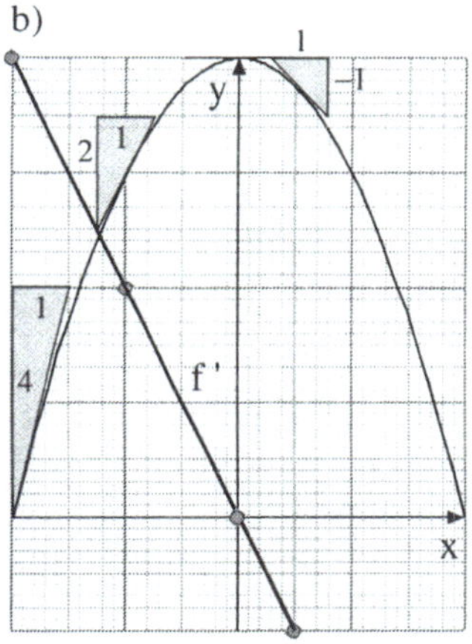

c)

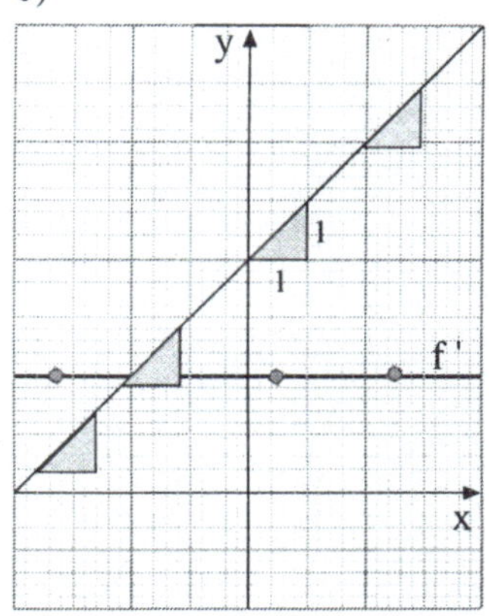

2. 118

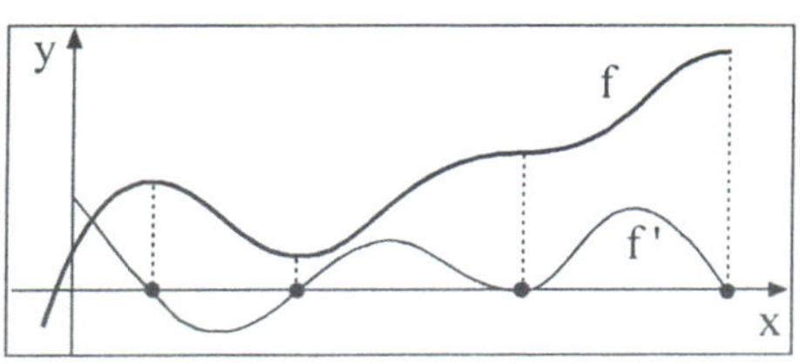

118 3. I a) f ist fallend für $x < 3$ und steigend für $x > 3$.
b) Der Tiefpunkt liegt bei $x = 3$.

c)

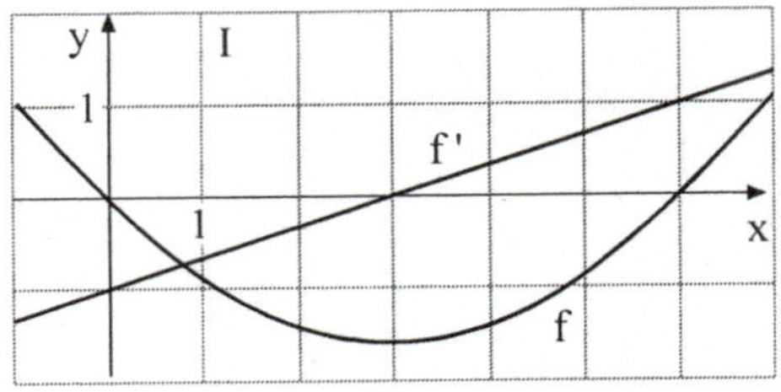

II a) f ist steigend für $x < 1$
f ist fallend für $1 < x < 5$
f ist steigend für $x > 5$
b) Der Hochpunkt liegt bei $x = 1$.
Der Tiefpunkt liegt bei $x = 5$.

c)

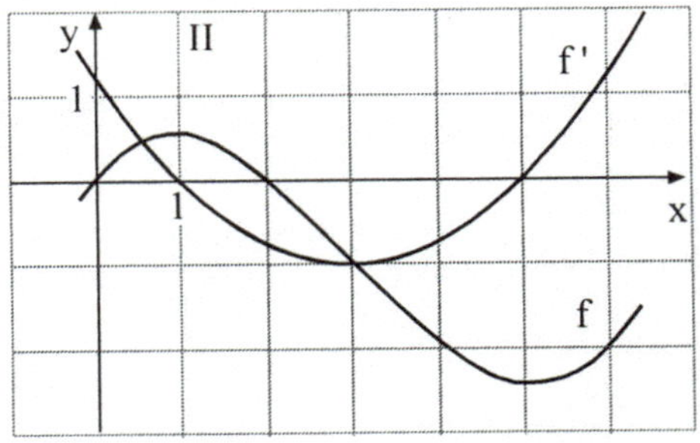

4. a) Nach 5 Minuten Aufstieg sind 1000m Höhe erreicht, dann geht es wieder abwärts. Nach weiteren 5 Minuten weiche Landung.
Flugdauer: 10 min
Gipfenhöhe: 1000 m
b) h' beschreibt die lokale Aufstiegsgeschwindigkeit.
c) mittlere Steiggeschwindigkeit:
$\overline{h} = \frac{h(5)-h(0)}{5-0} = \frac{1000-0}{5} = 200\,\frac{m}{min}$
mittlere Fallgeschwindigkeit:
$\overline{h} = \frac{h(10)-h(5)}{10-5} = \frac{0-1000}{5} = -200\,\frac{m}{min}$
Die Aufstiegsgeschwindigkeit war bei t' = 40 maximal.
Sie betrug dort ca. 400 m/min.

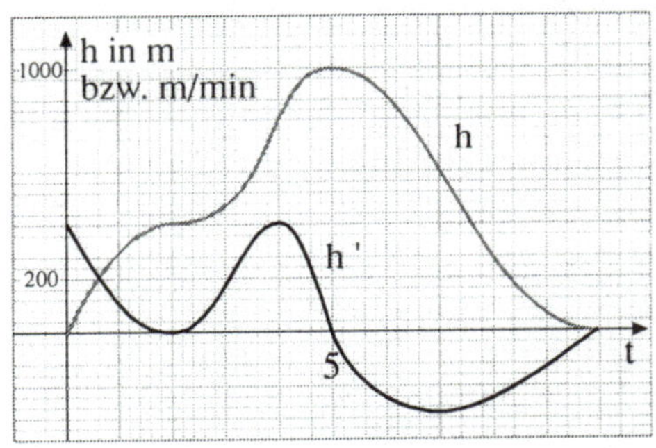

5. $a \rightarrow$ I, $b \rightarrow$ II, $c \rightarrow$ III

119 6. a) $f'(x_0) = \lim\limits_{h\to 0} \frac{2(x_0+h)^2-2x_0^2}{h} = \lim\limits_{h\to 0} \frac{2x_0^2+4hx_0+2h^2-2x_0^2}{h} = \lim\limits_{h\to 0} \frac{4hx_0+2h^2}{h} \lim\limits_{h\to 0}(4x_0+2h) = 4x_0$

b) $f'(x_0) = \lim\limits_{h\to 0} \frac{x_0+h-x_0}{h} = \lim\limits_{h\to 0} \frac{h}{h} = 1$

c) $f'(x_0) = \lim\limits_{h\to 0} \frac{2x_0+2h-2x_0}{h} = \lim\limits_{h\to 0} \frac{2h}{h} = 2$

d) $f'(x_0) = \lim\limits_{h\to 0} \frac{5-5}{h} = 0$

e) $f'(x_0) = \lim\limits_{h\to 0} \frac{-(x_0+h)^2+x_0^2}{h} = \lim\limits_{h\to 0} \frac{-x_0^2-2hx_0-h^2+x_0^2}{h} = \lim\limits_{h\to 0} \frac{-2hx_0-h^2}{h} = \lim\limits_{h\to 0}(-2x_0-h) = -2x_0$

6. f) $f'(x_0) = \lim\limits_{h\to 0} \frac{2x_0+2h+2-2x_0-2}{h} = \lim\limits_{h\to 0} \frac{2h}{h} = 2$ 119

g) $f'(x_0) = \lim\limits_{h\to 0} \frac{ax_0+ah+b-ax_0-b}{h} = \lim\limits_{h\to 0} \frac{ah}{h} = a$

h) $f'(x_0) = \lim\limits_{h\to 0} \frac{a(x_0+h)^2-ax_0^2}{h} = \lim\limits_{h\to 0} \frac{ax_0^2+2ahx_0+ah^2-ax_0^2}{h} = \lim\limits_{h\to 0} \frac{2ahx_0+ah^2}{h} = \lim\limits_{h\to 0}(2ax_0+ah) = 2ax_0$

i) $f'(x_0) = \lim\limits_{h\to 0} \frac{a(x_0+h)^2+b(x_0+h)+c-ax_0^2-bx_0-c}{h} = \lim\limits_{h\to 0} \frac{ax_0^2+2ahx_0+ah^2+bx_0+bh+c-ax_0^2-bx_0-c}{h}$

$= \lim\limits_{h\to 0} \frac{2ahx_0+ah^2+bh}{h} = \lim\limits_{h\to 0}(2ax_0+ah+b) = 2ax_0+b$

7. a) $f'(x_0) = \lim\limits_{h\to 0} \frac{2(x_0+h)+1-2x_0-1}{h} = \lim\limits_{h\to 0} \frac{2h}{h} = 2$ 120

b) $f'(x_0) = \lim\limits_{h\to 0} \frac{(x_0+h)^2-(x_0+h)-x_0^2+x_0}{h} = \lim\limits_{h\to 0} \frac{2hx_0+h^2-h}{h} = \lim\limits_{h\to 0}(2x_0+h-1) = 2x_0-1$

c) $f'(x_0) = \lim\limits_{h\to 0} \frac{(x_0+h)-2(x_0+h)^2-x_0+2x_0^2}{h} = \lim\limits_{h\to 0} \frac{h-4hx_0-2h^2}{h} = \lim\limits_{h\to 0}(1-4x_0-2h) = 1-4x_0$

d) $f'(x_0) = \lim\limits_{h\to 0} \frac{(x_0+h)^2-2(x_0+h)+1-x_0^2+2x_0-1}{h} = \lim\limits_{h\to 0} \frac{2hx_0+h^2-2h}{h} = \lim\limits_{h\to 0}(2x_0+h-2) = 2x_0-2$

8. $f'(x_0) = \lim\limits_{h\to 0} \frac{(x_0+h)^4-x_0^4}{h} = \lim\limits_{h\to 0} \frac{x_0^4+4x_0^3h+6x_0^2h^2+4x_0h^3+h^4-x_0^4}{h} = \lim\limits_{h\to 0}(4x_0^3+6x_0^2h+4x_0h^2+h^3) = 4x_0^3$

3. Elementare Ableitungsregeln

121 1. a) $f'(x) = 3x^2$ b) $f'(x) = 5x^4$ c) $f'(x) = 2nx^{2n-1}$
d) $f'(x) = 1$ e) $f'(x) = (n+4)x^{n+3}$ f) $f'(x) = 2014x^{2013}$

2. a) $(x+h)^5 = x^5 + 5x^4 \cdot h + h^2 \cdot p$

$$f'(x) = \lim_{h\to 0} \frac{f(x+h)-f(x)}{h} = \lim_{h\to 0} \frac{x^5+5x^4h+h^2p-x^5}{h} = \lim_{h\to 0}(5x^4 + h \cdot p) = 5x^4$$

b) $(x+h)^n = x^n + nx^{n-1} \cdot h + h^2 \cdot p$

$$f'(x) = \lim_{h\to 0} \frac{f(x+h)-f(x)}{h} = \lim_{h\to 0} \frac{x^n+nx^{n-1}h+h^2p-x^n}{h} = \lim_{h\to 0}(nx^{n-1} + h \cdot p) = nx^{n-1}$$

3. (1): richtig (2): falsch (3): falsch (4): richtig

122 4. a) $f'(x) = 3x^2 + 2x$ b) $f'(x) = -4x^3$ c) $f'(x) = 3x^2 + 5x^4 + 1$

123 5. a) $f'(x) = 2 + 3x^2$ b) $f'(x) = 5$ c) $f'(x) = 2ax$
d) $f'(x) = nax^{n-1}$ e) $f'(x) = 4x + 4$ f) $f'(x) = x$
g) $f'(x) = 6x^2 - 6x$ h) $f'(x) = 3ax^2 + b$

6. a) $f'(x) = x - 2$

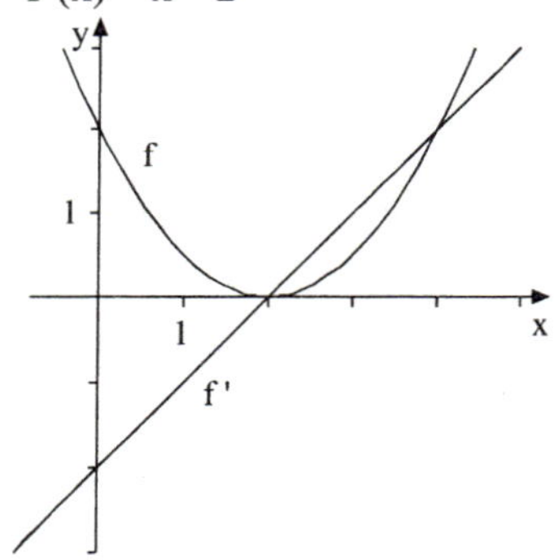

b) $f'(x) = -2x$

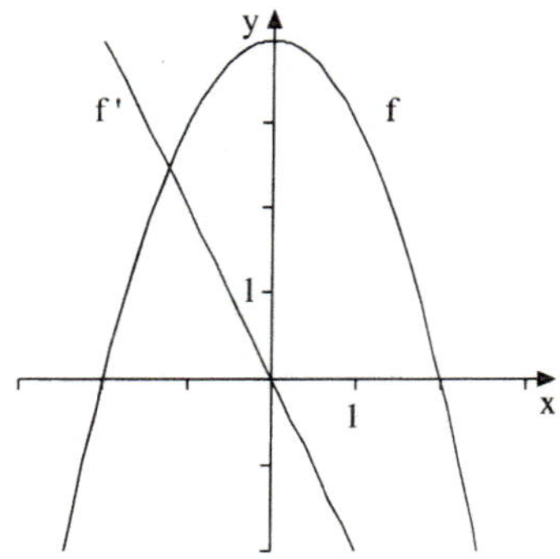

c) $f'(x) = 1{,}5x^2 - 2$

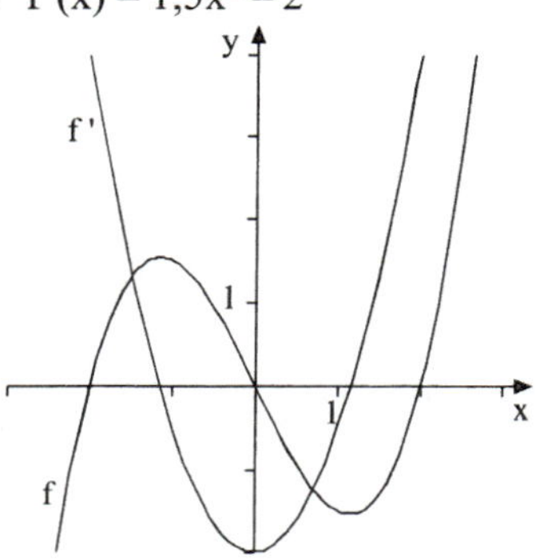

d) $f'(x) = 3 - x^2$

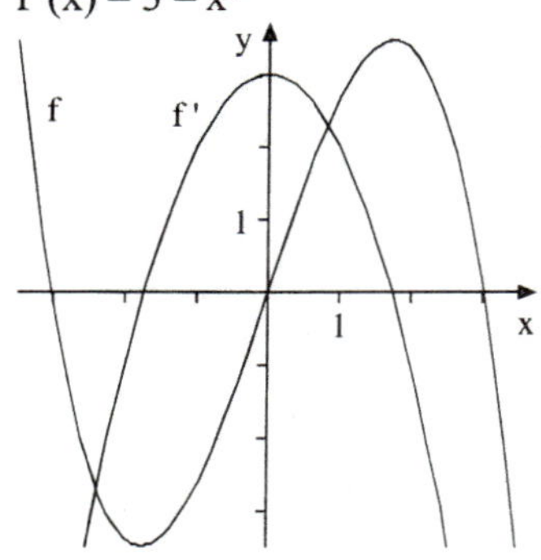

7. a) $f'(x) = -\frac{2}{x^2}$ b) $f'(x) = \frac{3}{x^2}$ c) $f'(x) = \frac{1}{\sqrt{x}}$ 125
   d) $f'(x) = \frac{1}{4\sqrt{x}}$ e) $f'(x) = -\frac{2}{3} \cdot \frac{1}{x^2} + \frac{1}{4\sqrt{x}}$

8. a) $f'(x) = -\frac{2}{x^2} = -0{,}5 \Rightarrow x = \pm 2$
   b) $f'(x) = \frac{1}{\sqrt{x}} = 0{,}5 \Rightarrow x = 4$
   c) $f'(x) = 1 + \frac{1}{x^2} = 3 \Rightarrow x = \pm\sqrt{0{,}5}$

9. 126

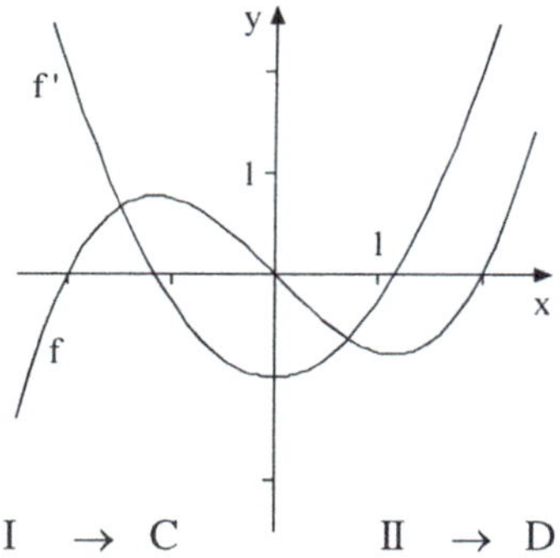

10. I → C II → D III → A IV → B

11. a) $f'(x) = \lim\limits_{h\to 0} \frac{\frac{1}{2}(x+h)^2 - \frac{1}{2}x^2}{h} = \lim\limits_{h\to 0} \frac{hx + \frac{1}{2}h^2}{h} = \lim\limits_{h\to 0}(x + \frac{1}{2}h) = x$

   b) $f'(x) = \lim\limits_{h\to 0} \frac{2(x+h)-1-(2x-1)}{h} = \lim\limits_{h\to 0} \frac{2h}{h} = 2$

   c) $f'(x) = \lim\limits_{h\to 0} \frac{(x+h)-(x+h)^2-(x-x^2)}{h} = \lim\limits_{h\to 0} \frac{h-2hx-h^2}{h} = 1 - 2x$

12. a) $f'(x) = x^3 - 4x$ b) $f'(x) = -6x$
   c) $f(x) = 3x^2 - 12x + 12 + x$, $f'(x) = 6x - 11$ d) $f'(x) = 3ax^2 + 2bx + c$
   e) $f'(x) = \frac{1}{\sqrt{x}}$ f) $f'(x) = \frac{-4}{x^2}$

13. a) $f'(x) = x$, $f'(2) = 2$ b) $f'(x) = -2$, $f'(3) = -2$ c) $f'(x) = 4x - 2$, $f'(0) = -2$
   d) $f'(x) = \frac{1}{2\sqrt{x}}$, $f'(4) = \frac{1}{4}$ e) $f(x) = 2x + 4\sqrt{x} + 2$, $f'(x) = 2 + \frac{2}{\sqrt{x}}$, $f'(1) = 4$
   f) $f'(x) = 1 - \frac{1}{x^2}$, $f'(1) = 0$

14. a)

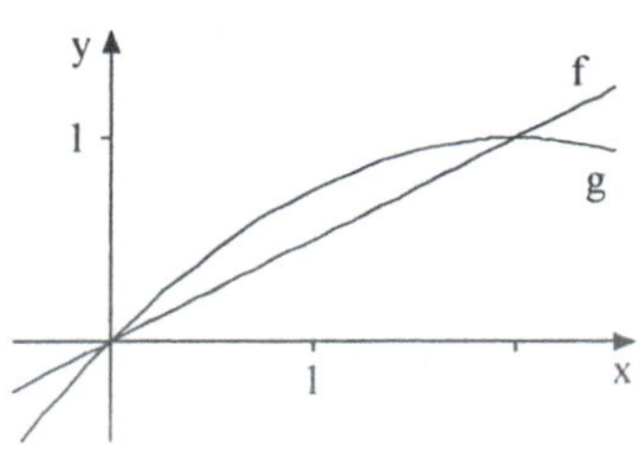

b) $f'(x) = 0{,}5$, $f'((1) = 0{,}5$
   $g'(x) = -0{,}5x + 1$, $g'(1) = 0{,}5$

c) $m_f = 0{,}5$, $m_g = \frac{1-0}{2-0} = 0{,}5$

127 15. a) $f'(x) = x^3 - 6 = 2$, $x = 2$

b) $f'(x) = -0{,}5x^2 + 2x = -2{,}5$, $x = 5$ und $x = -1$

c) $f'(x) = -\frac{2}{x^2} - 1 = -3$, $x = \pm 1$

d) $f'(x) = \frac{3}{2\sqrt{x}} = 3$, $x = \frac{1}{4}$

16. a) $f'(x) = g'(x)$: $x = 2$

b) $x = \pm 1$

c) $x = \pm 3$

d) $x = 4$

17. a) $(-4x^2)' = -8x$, $5' = 0$

b) $(x^{-1})' = -x^{-2}$

c) $(c^3)' = 0$

d) $(\sqrt{x})' = \frac{1}{2\sqrt{x}}$, $(\frac{1}{x})' = -\frac{1}{x^2}$

18. a) 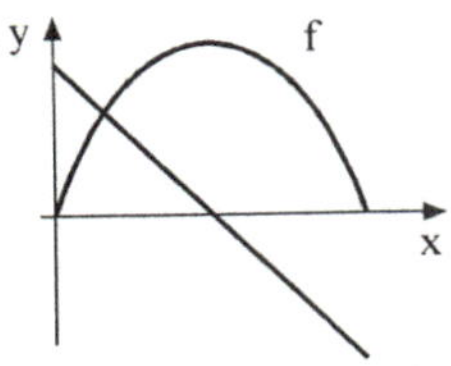

b) 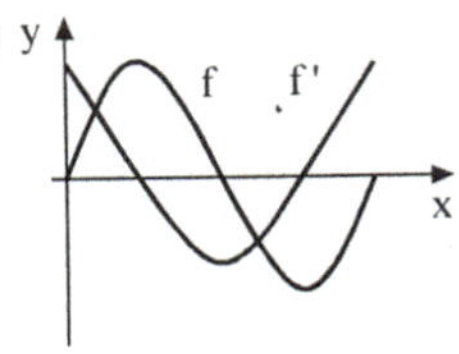

c) 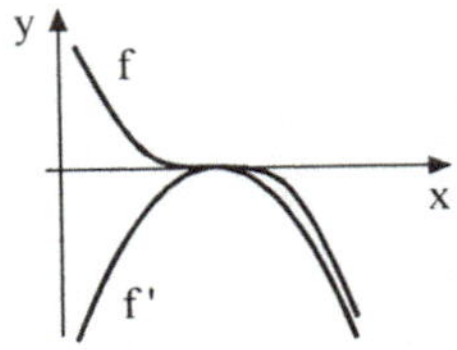

d) 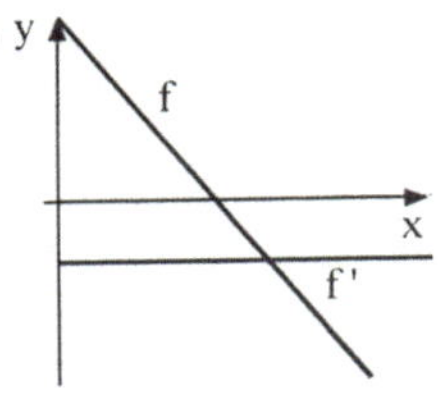

e) 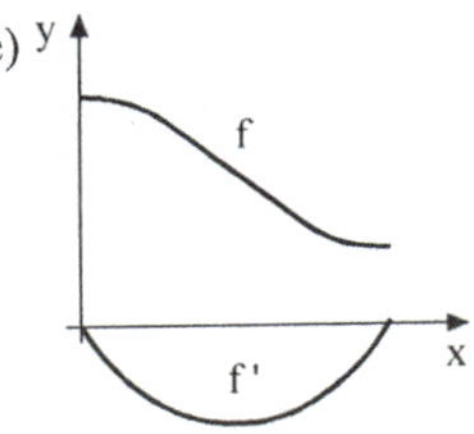

f) 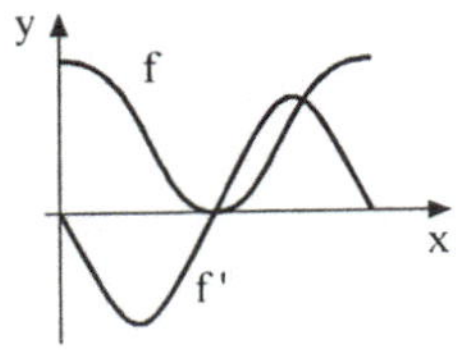

19. a) $f'(x) = x$, $x = 1$

b) $f'(x) = \frac{1}{2\sqrt{x}} = \tan 30° = \frac{1}{\sqrt{3}}$, $x = \frac{3}{4}$

c) $f'(x) = \frac{3}{\sqrt{x}} = \tan 60° = \sqrt{3}$, $x = 3$

d) $f'(x) = -\frac{3}{x^2} = -1$, $x = \pm\sqrt{3} \approx \pm 1{,}73$

4. Anwendung des Ableitungsbegriffs

1. a) $f(x) = 0$ für $x = 2$ und $x = 6$ b) $f'(x) = -x + 4$, $f'(2) = 2$, $\tan\alpha = 2$, $\alpha \approx 63{,}4°$ 129

2. a) $d = 2\sqrt{3} \approx 3{,}46$ LE 130
   b) $f'(x) = 0{,}2(-3x^2 + 3)$, $f'(x) = 0$ für $x = \pm 1$
   tiefste Stelle bei $x = -1$, $y = -2/5$; Berggipfel bei $x = 1$, $y = 2/5$

3. a) Der Hügel ist 4,5m hoch. 131
   b) $f'(x) = 3 - x$, $f'(4) = -1$
   Tangente durch P: $t(x) = -x + n$, $4 = -4 + n$, $n = 8$
   $t(x) = -x + 8$, $t(x) = 0$ für $x = 8$, $Q(8|0)$, $d(P;Q) = \sqrt{4^2 + 4^2} = \sqrt{32} \approx 5{,}66$
   Die Leiter ist 5,66 LE lang.

4. a) $f = g$ führt auf: $x^2 - 12x + 32 = 0$ mit den Lösungen $x = 8$ und $x = 4$ 132
   Ja, es kommt zur Kollision.
   b) Steigungswinkel von f bei $x = 4$: $f'(x) = 0{,}5x - 1$, $f'(4) = 1$, $\alpha = 45°$
   Steigungswinkel von g bei $x = 4$: $g'(x) = 2$, $\beta \approx 63{,}4°$; Kollisionswinkel: $\gamma = \beta - \alpha \approx 18{,}4°$

5. $f'(x) = 2x$, $f'(0) = 0$; $g'(x) = -3x^2$, $g'(0) = 0$ 133
   $f(0) = 1$, $g(0) = 1$ also Berührpunkt $B(0|1)$

6. Es muss $f'(x) = 1$ gelten, also $2x = 1$, $x = 0{,}5$
   Weiter muss $f(0{,}5) = 0{,}5$ gelten: $a + 0{,}25 = 0{,}5$ gilt für $a = 0{,}25$; Berührtangente: $t(x) = g(x) = x$

7. Es gilt: I. $f(1) = g(1)$ sowie II. $f'(1) = g'(1)$, also I. $a + b = 1$ und II. $2a = -1$
   d.h. $a = -0{,}5$ und $b = 1{,}5$, also $f(x) = -0{,}5x^2 + 1{,}5$; Berührtangente: $t(x) = -x + 2$

8. a) 134

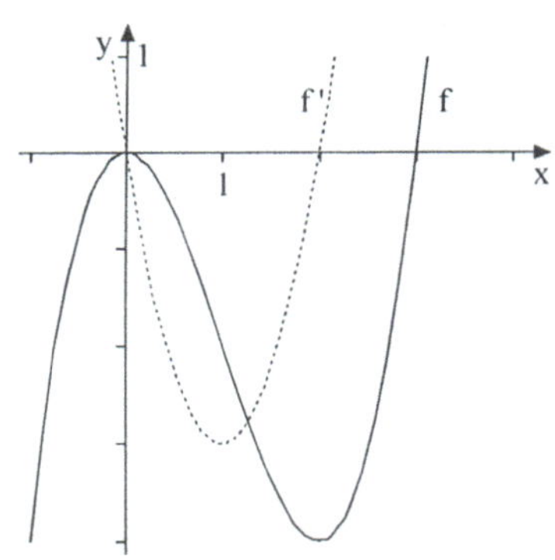

   b) $f'(x) = 3x^2 - 6x$
   c) $f'(x_0) = 0$ bedeutet, dass f bei x_0 die Steigung 0 hat, d.h. eine waagerechte Tangente.

9. a)

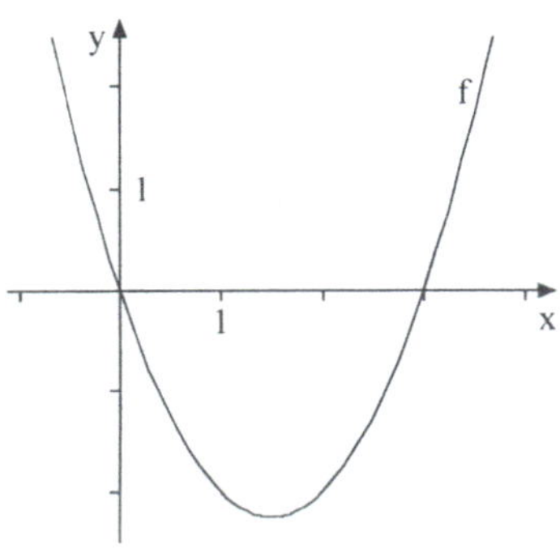

   b) $f'(x) = 2x - 3$, $f'(2) = 1$
   c) $\tan\alpha = 1$, $\alpha = 45°$
   d) $f'(0) = -3$, Steigungswinkel ca. 108,4°
   Steigungswinkel der y–Achse: 90°
   Schnittwinkel: 18,4°

134 10. a) $f = g$: $x^2 - 7x + 10 = 0$ gilt für $x = 5$ und $x = 2$, $S_1(2|1)$ und $S_2(5|4)$

b) $f'(x) = -2x + 8$

S_1: $f'(2) = 4$, Steigungswinkel $\alpha \approx 76°$, $g'(2) = 1$, $\beta = 45°$, $\gamma \approx 31°$

S_2: $f'(5) = -2$, Steigungswinkel $\alpha \approx 116{,}6°$, $g'(2) = 1$, $\beta = 45°$, $\gamma = \alpha - \beta \approx 71{,}6°$

11. a) $x \approx 4{,}83$, $x \approx -0{,}83$

b) $f'(x) = -x + 2$, $f'(x) = 0$ gilt für $x = 2$, $H(2|4)$

c) $f'(0) = 2$, Steigungswinkel von f: $\alpha \approx 63{,}4°$

Steigungswinkel der y–Achse: $\beta = 90°$

Schnittwinkel: $\gamma = \beta - \alpha \approx 26{,}6°$

d) Schnittpunkt von f und g: $S(0|2)$

Steigung von g: $m = 2$, Ansatz für g: $g(x) = 2x + n$ mit $n = 2$

Resultat: $g(x) = 2x + 2$

Steigungswinkel von f: $f'(0) = 2$, $\alpha \approx 63{,}4°$

Steigungswinkel von g: $g'(0) = 2$, $\beta \approx 63{,}4°$, Der Schnittwinkel beträgt 0°.

12. b) $S(1|1)$

$f'(x) = \frac{1}{2\sqrt{x}}$, $g'(x) = -\frac{1}{x^2}$

Tangente an f: $f'(1) = 0{,}5$

$t_f(x) = 0{,}5x + n$, $1 = 0{,}5 + n$, $n = 0{,}5$

$t_f(x) = 0{,}5x + 0{,}5$

Tangente an g: $g'(1) = -1$

$t_g(x) = -x + n$, $1 = -1 + n$, $n = 2$

$t_g(x) = -x + 2$

c) Steigungswinkel von f bei $x = 1$:

$\tan\alpha = 0{,}5$, $\alpha \approx 26{,}6°$

Steigungswinkel von g bei $x = 1$:

$\tan\beta = -1$, $\beta = 135°$

Schnittwinkel: $\gamma = \beta - \alpha \approx 71{,}6°$

d) $f'(x) = 1$ gilt für $x = 0{,}25$

a)

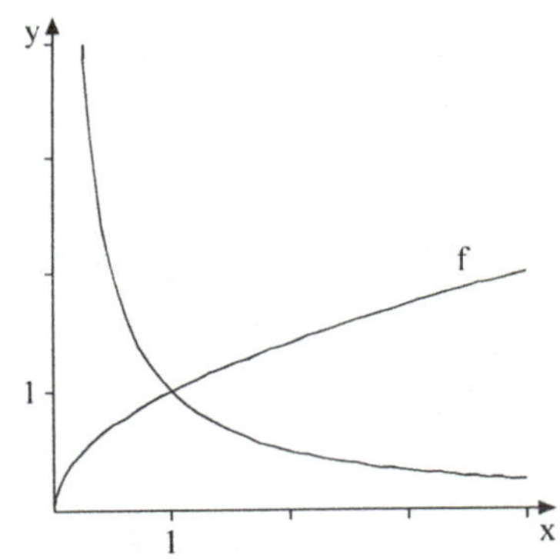

13. b) $f'(x) = 1 - \frac{4}{x^2} = 0$ gilt für $x = 2$

$T(2|4)$

c) $f'(x) = 1 - \frac{4}{x^2} = 0{,}5$ gilt für $x = \sqrt{8} \approx 2{,}83$

d) Die Steigung ist für $x < 2$ negativ. Ab $x = 2$ steigt die Steigung von $m = 0$ für $x = 2$ kontinuierlich und erreicht den Grenzwert $\lim\limits_{x \to \infty} f(x) = 1$, also den Grenzwinkel von 45°.

a)

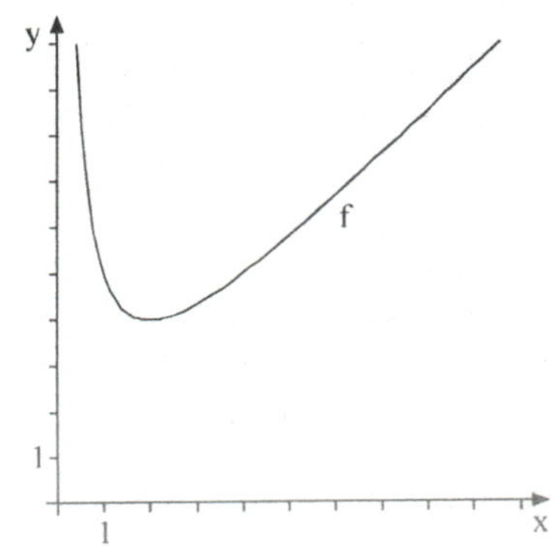

14. b) Es muss I. $f(x) = g(x)$ 134
und II. $f'(x) = g'(x)$ gelten.
also I. $x^2 = -x^2 + 4x - 2$
und II. $2x = -2x + 4$
Beide Gleichungen haben die Lösung $x = 1$.
Also berühren sich f und g im Punkt $B(1|1)$.

a)

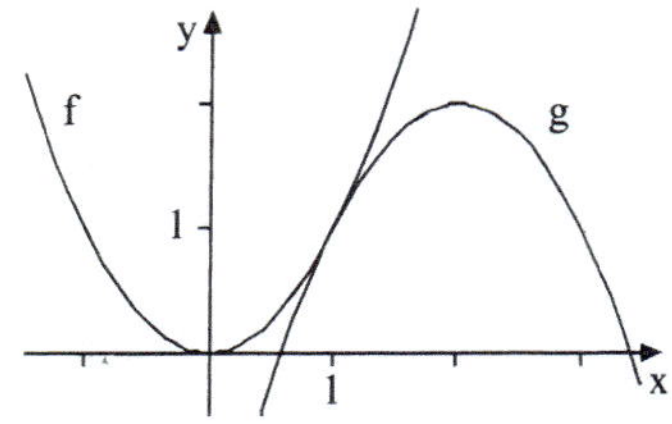

15. a) $f(x) = \frac{1}{800}x^2 - 200$ 135

b) $f'(x) = \frac{1}{400}x$, $f'(400) = 1$, d.h. $\alpha = 45° > 30°$, der Kraterrand kann nicht erreicht werden.

c) $\tan 5 \approx 0{,}0875$, $\frac{1}{400}x = 0{,}0875$, $x \approx 35$, der Durchmesser beträgt ca. 70 m.

16. a) $s = 0$: $x = \sqrt{8} \approx 2{,}83$; $s'(x) = -0{,}5x$, $s'(2{,}83) \approx -1{,}41$, $\tan\alpha = -1{,}41$, $\alpha \approx -54{,}7°$
Die Straße kreuzt die Bahn bei ca. 2,83 unter etwa 54,7°.

b) $s = f$: $0{,}5x^2 = 2$ gilt für $x = 2$, $f(2) = 1$, Brücke bei $B(2|1)$

c) Nordosten: $\alpha = 45°$ bzw. $f'(x) = 1$ gilt für $x = 2$
Bei $B(2|1)$ verläuft der Fluss genau in NO–Richtung.

d) PQ: $g(x) = x$, $g = s$: $x^2 + 4x - 8 = 0$, $x = -2 \pm \sqrt{12} \approx 1{,}46$
Bei ca. 1,46 kreuzt der Kanal die Straße.

17. a) $g'(x) = \frac{a}{2\sqrt{x}}$, es muss gelten: I. $f(x) = g(x)$ $\quad 0{,}5x + 2 = a\sqrt{x}$
II. $f'(x) = g'(x)$ $\quad 0{,}5 = \frac{a}{2\sqrt{x}}$, $x = 4$, $a = 2$
Anschlusspunkt: $B(4|4)$

b) Nordosten: $\alpha = 45°$ bzw. $g'(x) = 1$, $x = 1$, in $P(1|2)$ verläuft g genau in NO–Richtung.

18. a) Weg–Zeit–Funktion der Lawine: $s_W(t) = 30t - 180$ 136
Wenn $s(t-1) = s_W(t)$ gilt, hat die Lawine den Läufer eingeholt.
$1{,}5(t-1)^2 = 30t - 180$ führt auf $t^2 - 22t + 121 = 0$, $t = 11$.
Die Lawine berührt den Skifahrer, verschluckt ihn aber nicht, da er ab diesem Zeitpunkt schneller als die Lawine ist.
Alternative Lösung: $s'(t) = 3t$ ist die Geschwindigkeit des Läufers.
Er erreicht die Lawinengeschwindigkeit 30 m/s also nach $t = 10$ s+1s (Schrecksek.).
Die Lawine ist dann $300 - 180 = 120$ m über seinen alten Standort hinweggefegt, wobei er selbt die Strecke von 120 m zurückgelegt hat, d.h. die gleiche Strecke.
Da er nun schneller als die Lawine wird, kann er entkommen.

b) Bei weniger als 180m wird der Skifahrer verschüttet, bei mehr als 180m entkommt er.

c) Die Lawine erreicht den Läufer, wenn zu einem Zeitpunkt beide Wegstrecken gleich lang sind: $a(t-1)^2 = 30t - 180$, $t^2 - \frac{30+2a}{a}t + \frac{180+a}{a} = 0$, $t = \frac{15+a}{a} \pm \sqrt{\frac{150(1{,}5-a)}{a^2}}$

Diese Gleichung ist nur lösbar für $a \le 1{,}5$, d.h. nur dann erreicht die Lawine den Läufer. Für $a = 1{,}5$ siehe Teilaufgabe a). Für $a > 1{,}5$ entkommt der Läufer.

136 19. $f'(x) = 2x - 2$; $g'(x) = 2a(x-4)$

I. $f(2) = g(2) = 2$: ist für f erfüllt, für g muss $4a + b = 2$, bzw. $b = 2 - 4a$ gelten.

II. $f'(2) = g'(2) = 2$: $g'(2) = -4a = 2$, führt auf $a = -0{,}5$ und mit I. auf $b = 4$.

Resultat: $g(x) = -0{,}5(x-4)^2 + 4$

gemeinsame Tangente: $t(x) = mx + n$, mit $m = f'(2) = g'(2) = 2$

Punktprobe: $t(2) = 2$: $2 = 4 + n$ führt auf $n = -2$

Resultat: $t(x) = 2x - 2$

20. a) Ansatz: $f(x) = a(x-x_s)^2 + y_s$

Ursprung in der linken Bodenverankerung, dann gilt $x_s = 85$ und $y_s = 69$.

Punktprobe mit P(0|0): $0 = a(0-85)^2 + 69$, also $a = -\frac{69}{85^2} \approx -0{,}01$

Resultat: $f(x) = -0{,}01(x-85)^2 + 69$

b) Steigungswinkel im Ursprung: $\tan\gamma = f'(0)$, $f'(x) = -0{,}02(x-85)$, $f'(0) = 1{,}7$, $\gamma \approx 60°$

Die Verankerung muss also im Ursprung um 30° im Urzeigersinn gedreht werden.

Test

1. a) differenzierbar 140
   b) nicht differenzierbar (wg. Knick)
   c) nicht differenzierbar, da $x = 0$ nicht zur Definitionsmenge gehört

2. a) $\lim\limits_{h\to 0} \frac{\frac{3}{2}(1+h)-\frac{1}{2}(1+h)^2-\frac{3}{2}+\frac{1}{2}}{h} = \lim\limits_{h\to 0} \frac{\frac{3}{2}h-h-\frac{1}{2}h^2}{h} = \lim\limits_{h\to 0}(\frac{3}{2}-1-\frac{1}{2}h) = \frac{1}{2}$
   b) $t(x) = \frac{1}{2}x + \frac{1}{2}$

3. a) $f'(x) = 6x^2 + 6x$ b) $f'(x) = 12x^3$ c) $f'(x) = (n-2)ax^{n-3}$
   d) $f'(x) = 1 + \frac{1}{\sqrt{x}}$ e) $f'(x) = -\frac{6}{x^4} + 3x^2$
   f) $f(x) = 4x^2 - 4x + 1$, $f'(x) = 8x - 4$

4. a) $0 = 10 - 5t^2$, $t = \sqrt{2} \approx 1{,}414\ \text{s}$
   b) $v(t) = h'(t) = -10t$
   $v(\sqrt{2}) = 10 \cdot \sqrt{2} \approx 14{,}14\ \frac{\text{m}}{\text{s}} \approx 51\ \frac{\text{km}}{\text{h}}$
   c) $\frac{v(0)-v(\sqrt{2})}{\sqrt{2}} = \frac{10\sqrt{2}}{\sqrt{2}} = 10\ \frac{\text{m}}{\text{s}}$

5. a) $f = g$: $4x - x^2 = x$, $x^2 - 3x = 0$ gilt für $x = 0$ und $x = 3$
   b) $f'(x) = 4 - 2x$, $f'(0) = 4$, $\alpha \approx 76°$
   $g'(x) = 1$, $\beta = 45°$
   Schnittwinkel $\gamma \approx 31°$
   c) $2x + 1 = 4x - x^2$
   $2 = 4 - 2x$, $x = 1$
   Berührpunkt: $B(1|3)$

V. Kurvenuntersuchungen
1. Monotonie und erste Ableitung

145 1. 1. Reihe: B (bzw. A), B, C, A 2. Reihe: B, C, A, B (bzw.A)

2. a) $f'(x) = 2x - 3 = 0$ für $x = 1{,}5$

   $f'(x) < 0$ für $x < 1{,}5$; dort fällt f streng monoton

   $f'(x) > 0$ für $x > 1{,}5$; dort steigt f streng monoton

   b) $f'(x) = 0{,}5x^2 - 2 = 0$ für $x = -2$ und $x = 2$

   $f'(x) > 0$ für $x < -2$ und $x > 2$; dort steigt f streng monoton

   $f'(x) < 0$ für $-2 < x < 2$; dort fällt f streng monoton

   c) $f'(x) = 4ax - a^3 = 0$ für $x = \frac{a^2}{4}$

   $a > 0$: $f'(x) < 0$ für $x < \frac{a^2}{4}$; dort fällt f und $f'(x) > 0$ für $x > \frac{a^2}{4}$; dort steigt f streng

   $a < 0$: alles umgekehrt

   d) $f'(x) = x^2 - a^2 = 0$ für $x = -a$ und $x = a$

   $f'(x) > 0$ für $x < -a$ und $x > a$; dort steigt f streng monoton

   $f'(x) < 0$ für $-a < x < a$; dort fällt f streng monoton

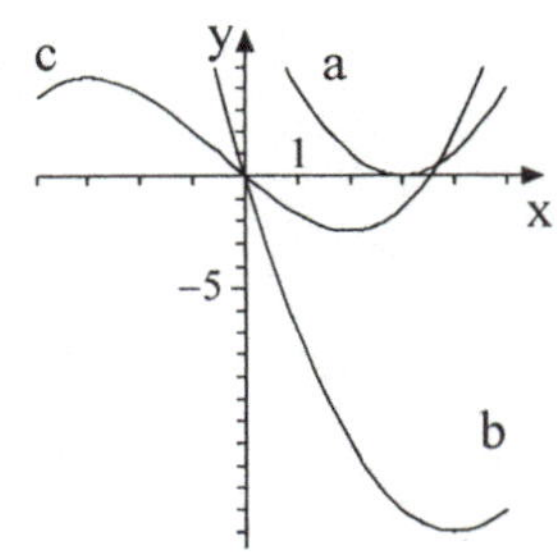

3. a) f fällt für $x < 3$ und steigt für $x > 3$ streng monoton.

   b) f fällt für $x < 4$ und steigt für $x > 4$ streng monoton.

   c) f steigt für $x < -3$ und für $x > 2$ streng monoton.

   f fällt für $-3 < x < 2$ streng monoton

   d) f steigt für $x < -2$ und für $x > 1$ streng monoton.

   f fällt für $-2 < x < 1$ streng monoton

   e) f fällt für $x < -3$ und steigt für $x > -3$ streng monoton.

   f) f fällt für $x < -3$ und für $0 < x < 3$ streng monoton.

   f steigt für $-3 < x < 0$ und für $x > 3$ streng monoton.

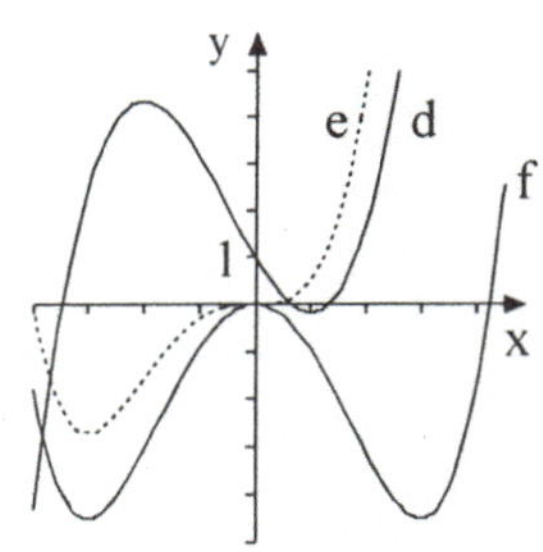

4. a) $f(x) = x^2 - 4x$, $f'(x) = 2x - 4$

   Monotonieverhalten: $x < 2$: fallend, $x > 2$: steigend

   b) $f(x) = \frac{1}{3}x^3 - x$

   $f'(x) = x^2 - 1$

   Monotonieverhalten:

   $x < -1$: steigend

   $-1 < x < 1$: fallend

   $x > 1$: steigend

   c) $f(x) = \frac{1}{3}x^3 + x^2 + x$

   $f'(x) = x^2 + 2x + 1$

   Monotonieverhalten:

   steigend auf $\mathbb{R}$

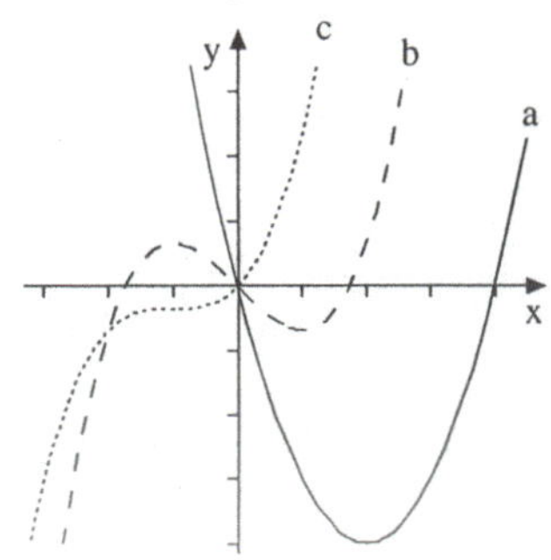

5. 145

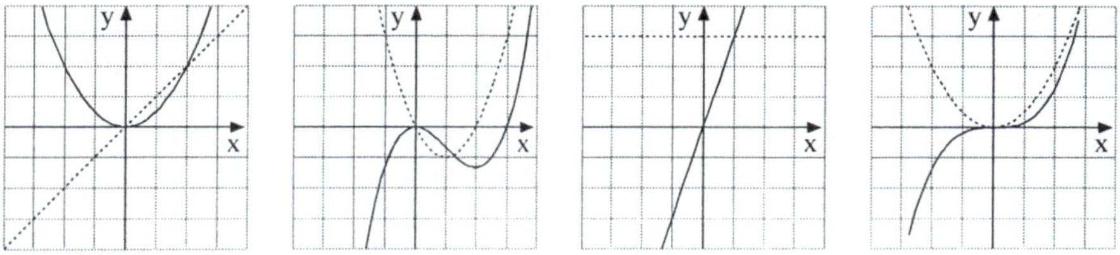

6. a) $f'(x) = 3x^2 + 1 \geq 0$ f.a. $x \in \mathbb{R}$, steigend auf $\mathbb{R}$

b) $f'(x) = 4x^3 + 2x$, $x < 0$: fallend, $x > 0$: steigend

c) $f'(x) = 1 - \frac{1}{x^2}$, $|x| < 1$: fallend, $|x| > 1$: steigend

7. $0 < x < 2$: fallend, $2 < x < 3$: steigend

8. a) $f'''(x) = 336x^5$ 146
b) $f''(x) = 24x - 24$
c) $f^{(5)}(x) = n(n-1)(n-2)(n-3)(n-4)x^{n-5}$

9. a) $f(x) = \frac{1}{12}x^4$, $f(x) = \frac{1}{12}x^4 + x$
b) $f(x) = x^3$, $f(x) = x^3 + x^2$
c) $f(x) = ax^3 + x^2$, $f(x) = ax^3 + x^2 + x$
d) $f(x) = 0$, $f(x) = x^3$

10. a) $f'''(x) = -30 + 96x$, $f'''(-1) = -126$
b) $f^{(4)}(x) = 180x^2$, $f^{(4)}(x) = 720$ gilt für $x = -2$ und $x = 2$
c) $f''(x) = 9x^2 + 6$ hat keine Nullstellen

2. Extrempunkte

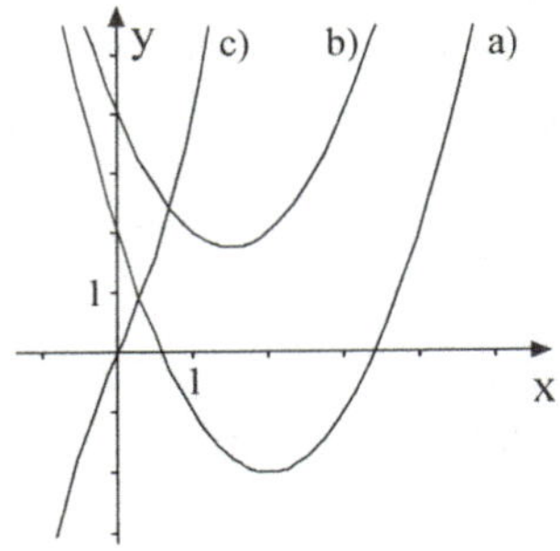

148 1. a) $x = 2$, Extremalpunkt
b) $x = 1{,}5$, Extremalpunkt
c) keine Extremalpunkte

2. Bei der ersten Stelle mit waagerechter Tangente handelt es sich um einen Sattelpunkt. Hier gilt $f'(x_S) = 0$ und $f'(x) > 0$ für die x–Werte aus einer Umgebung von x_S.
Bei der zweiten Stelle mit waagerechter Tangente handelt es sich um ein Maximum. Hier gilt $f'(x_S) = 0$ und $f'(x) > 0$ für $x < x_S$ und $f'(x) < 0$ für $x > x_S$ in einer Umgebung von x_S.

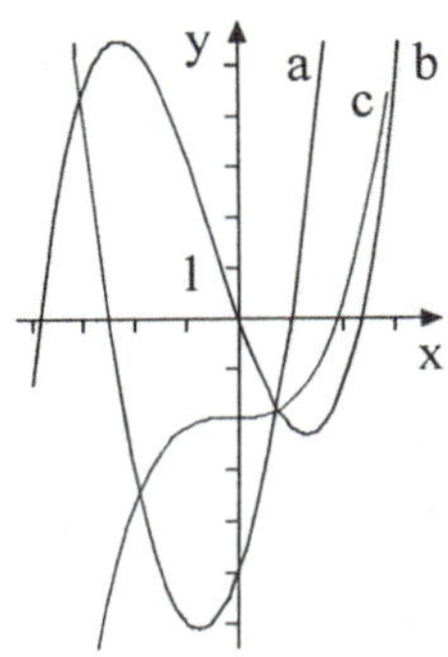

151 3. a) $f(x) = 2x^2 + 3x - 5$
$f'(x) = 4x + 3$
$f'(x) = 0 \Rightarrow x = -0{,}75$
$f'(-1) = -1 < 0,\ f'(0) = 3 > 0 \Rightarrow$ Minimum
Tiefpunkt $T(-0{,}75 \mid -6{,}125)$
b) $f(x) = \frac{1}{3}x^3 + \frac{1}{2}x^2 - 3x$
$f'(x) = x^2 + x - 3$
$f'(x) = 0 \Rightarrow x_1 = -2{,}3,\ x_2 = 1{,}3$
$f'(-3) = 3 > 0,\ f'(-2) = -1 < 0$
$\Rightarrow$ Maximum $H(-2{,}3 \mid 5{,}49)$
$f'(1) = -1 < 0,\ f'(2) = 3 > 0 \Rightarrow$ Minimum $T(1{,}3 \mid -2{,}32)$
c) $f(x) = 0{,}25x^3 - 2,\ f'(x) = 0{,}75x^2$
$f'(x) = 0$ für $x = 0$
$f'(-1) = 0{,}75,\ f'(1) = 0{,}75$ d.h. Sattelpunkt $S(0 \mid -2)$

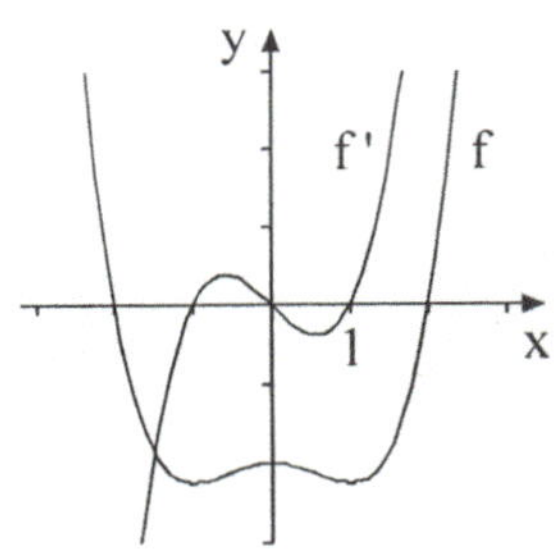

152 4. Nullstellen: $x = -2$ und $x = 2$
Extrema:
Tiefpunkte $T_1(-1 \mid -2{,}25)$, $T_2(1 \mid -2{,}25)$, Hochpunkt $H(0 \mid -2)$
$f(2) = 4 - 2 - 2 = 0$
$f'(x) = x^3 - x,\ f'(1) = 0$
$f'(0{,}5) = -0{,}375 < 0,\ f'(1{,}5) = 1{,}875 > 0$
also Tiefpunkt bei $x = 1$
$f'(\sqrt{\frac{1}{3}}) \approx -0{,}3849$, in einer Umgebung ist f' weniger steil, also fällt f zwischen H und T_2 an dieser Stelle am steilsten.

153 5. $G'(t) = 3t^2 + 6t - 105 = 0$ gilt für $t = -7$ und $t = 5$
Ab Juni 2014 begannen die Gewinne zu sinken und werden im Juni 2015 einen Tiefstand erreicht haben.
Der Gewinneinbruch ist dort maximal, wo G' amsteilsten ist: $G''(t) = 6t + 6 = 0$ für $t = -1$.
Im Dezember 2014 war der Gewinneinbruch maximal.

6. a) $f'(x) = 4x^3 \Rightarrow f'(0) = 0$ 154
f´ hat ein Vorzeichenwechsel von – nach +, also Minimum

b) $f'(x) = 6x^2 + 12x - 18$
$f'(1) = 0, \quad f'(0) = -18 < 0, f'(2) = 30 > 0 \Rightarrow$ Minimum
$f'(-3) = 0, \quad f'(-4) = 30 > 0, f'(-2) = -18 < 0 \Rightarrow$ Maximum

7. a) $f'(x) = 6x^2 - 12x$, $f'(1) \neq 0$ weder noch
$f'(2) = 0$, $f'(1) = -6 < 0$, $f'(3) = 18 > 0$, Tiefpunkt bei $x = 2$
b) $f'(x) = x^5 - x^2$, $f'(0) = 0$, $f'(-0{,}5) = -0{,}28 < 0$, $f'(0{,}5) = -0{,}22 < 0$, Sattelpunkt bei $x = 0$
$f'(1) = 0$, $f'(0{,}5) = -0{,}22 < 0$, $f'(1{,}5) = 5{,}34 > 0$, Tiefpunkt bei $x = 1$

8. Der obere Graph gehört zu f, der untere zu f '.
Am linken Rand wächst f noch stark, große y-Werte für f '.
f ' hat eine Nullstelle bei x = 1, f hat dort eine waagerechte Tangente.
Danach hat f ' bis zum rechten Rand negative Werte, die y-Werte für f fallen.

9.

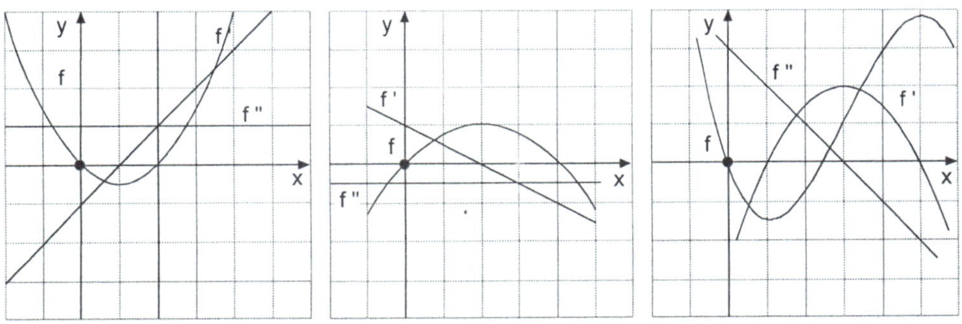

10. a) T(2|1) b) $H(-2|\frac{10}{3})$, $T(1|-\frac{7}{6})$ c) $S(-1|-\frac{1}{3})$

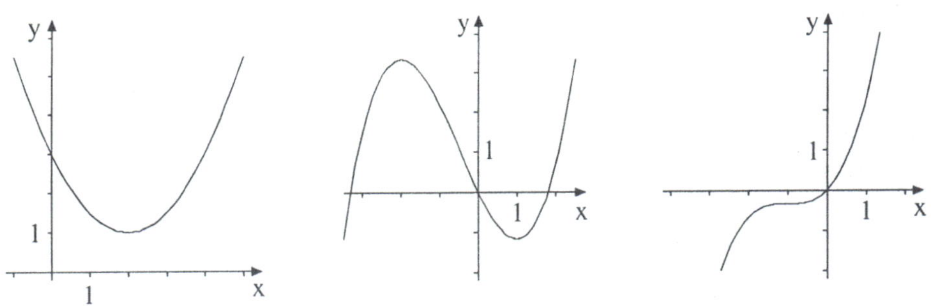

11. a) $f'(x) = 0{,}5x - 1$, T(2|0) b) $f'(x) = 1 - \frac{1}{\sqrt{x}}$, T(1|–1)

c) $f'(x) = 2ax + 2$, $H(-\frac{1}{a}|-\frac{1}{a})$ $a < 0$, $T(-\frac{1}{a}|-\frac{1}{a})$ $a > 0$

154 12. a) $f(x) = ax^2 + bx + c$, $f'(x) = 2ax + b$

Der Graph von f' ist eine Gerade mit der Nullstelle $x = -\frac{b}{2a}$.

Ist $a > 0$, so gilt für $x < -\frac{b}{2a}$ $f'(x) < 0$ und für $x > -\frac{b}{2a}$ $f'(x) > 0$; Tiefpunkt.

Ist $a < 0$, so ist es ein Hochpunkt.

b) $f(x) = ax^3 + bx^2 + cx + d$, $f'(x) = 3ax^2 + 2bx + cx$

f' ist eine Parabel. Hat f' zwei Nullstellen, so liegt dort jeweils ein Vorzeichenwechsel vor, also sind dort je ein Hoch- und ein Tiefpunkt. Hat f' nur eine Nullstelle, so liegt kein Vorzeichenwechsel vor, also liegt dort ein Sattelpunkt und es gibt keine Extrema. Hat f' keine Nullstellen, so gibt es auch keine Extrema.

c) f' ist ein Polynom 3. Grades mit dem globalen Verlauf von –unendlich nach +unendlich oder umgekehrt. Also muss es mindestens eine Nullstelle von f' mit Vorzeichenwechsel geben, d.h. mindestens ein Extremum.

155 13. a) $H(-4 \mid 8)$
b) $H(-5 \mid 5)$, $T(5 \mid -5)$
c) $S(0 \mid 0)$, $T(1{,}5 \mid -\frac{27}{32})$
d) $H(0 \mid 0)$, $T(\frac{4}{3} \mid -\frac{32}{27})$
e) $T(0 \mid 0)$, $H(-2 \mid 8)$
f) $S(-1 \mid -0{,}53)$, $S(1 \mid 0{,}53)$

14. a) Nullstellen: –3,46; 0; 3,46
$T(-2 \mid -2{,}67)$, $H(2 \mid 2{,}67)$

b) Nullstellen: 0
keine Extrema, $S(1 \mid 1)$

c) Nullstellen: 0; 2
$T(1{,}5 \mid -1{,}69)$, $S(0 \mid 0)$

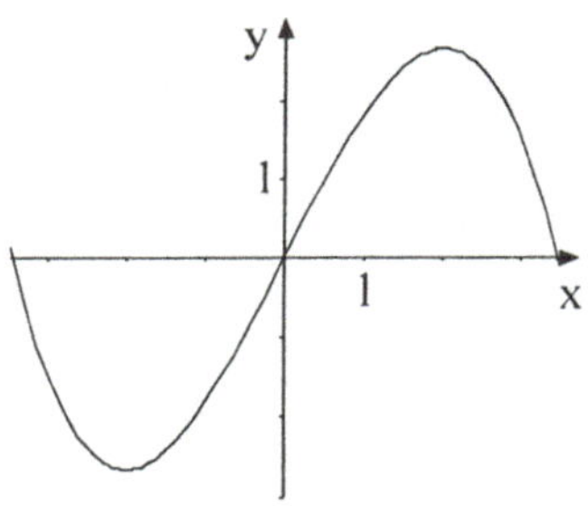

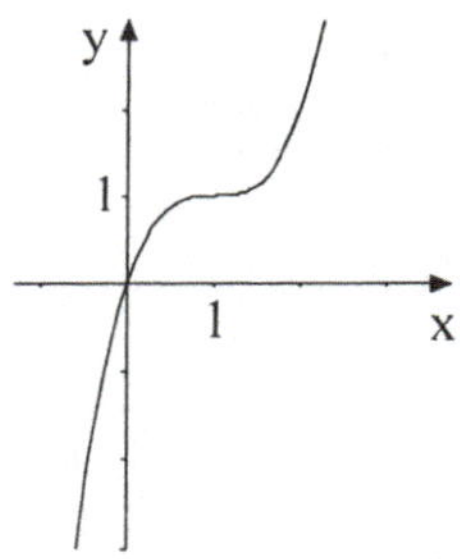

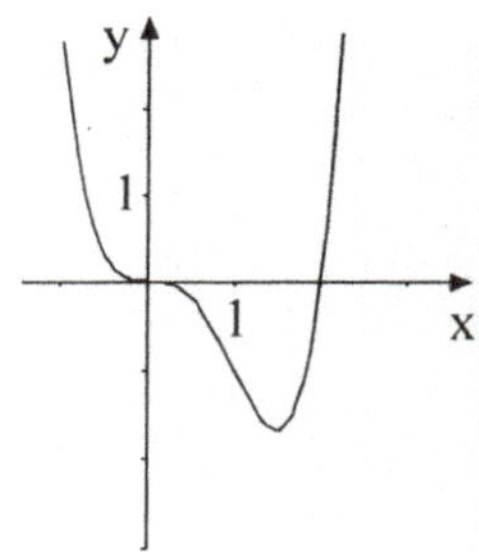

15. a) Normale an f durch P: Ansatz: $n(x) = mx + n$

I. $m = -\frac{1}{f'(1)} = -\frac{1}{0{,}5} = -2$

II. Punktprobe mit P: $1 = -2 + n$, d.h. $n = 3$; Resultat: $n(x) = -2x + 3$
Q ist der Schnittpunkt von n mit der y–Achse, also $n(0) = 3$: $Q(0|3)$

Die Weglänge ist der Abstand von P zu Q, also $\sqrt{2} \approx 1{,}4142 \mathrel{\hat{=}} 141{,}42$ m.
Die Kosten belaufen sich auf ca. 70711 Euro.

b) Steigungswinkel γ von n: $\tan\gamma = -2$ führt auf $\gamma = -63{,}4°$, $\alpha = 90° - 63{,}4° = 26{,}6°$
Der Weg mündet unter ca. 27° in die Straße ein.

155

16. a) $a'(t) = 100 \cdot (30t - 3t^2) = 0$ für $t = 0$ und $t = 10$

$a'(-0,5) = -1575 < 0, \quad a'(0,5) = 1425 > 0 \Rightarrow$ Tiefpunkt bei $x = 0$

$a'(9,5) = 1425 > 0, \quad a'(10,5) = -1575 < 0 \Rightarrow$ Hochpunkt bei $x = 10$

Die Absatzrate ist bei $t = 10$ maximal.

b) Extremum von a': $a''(t) = 100 \cdot (30 - 6t) = 0$ für $t = 5$

$a''(4) = 600 > 0, \quad a''(6) = -600 < 0 \Rightarrow$ Hochpunkt

Bei $t = 5$ ändert sich die Absatzrate am stärksten.

c) Probieren: $a(4) = 17600$

d) $m = \frac{a(5)-a(0)}{5-0} = \frac{25000-0}{5} = 5000$ ist die mittlere Absatzrate der ersten 5 Monate.

17. ja

ja

nein: f hat im Ursprung einen Sattelpunkt aber f ' ist dort nicht null.

nein: Der Graph von f ist eine Gerade, dann muss f ' konstant und f '' null sein.

3. Exkurs: Tangenten und Normalen

157

1. a) $f'(x) = 4x+2, \; f'(-3) = -10$

Tangente: $t(x) = -10(x+3) + 12 = -10x - 18$; Normale: $n(x) = 0,1(x+3) + 12 = 0,1x + 12,3$

b) $f'(x) = 3x^2, \; f'(1) = 3$, Tangente: $t(x) = 3x - 2$, Normale: $n(x) = -\frac{1}{3}x + \frac{4}{3}$

c) $f'(x) = -\frac{1}{x^2}, \quad f'(0,5) = -4$

Tangente: $t(x) = -4x + 4$, Normale: $n(x) = 0,25x + 1,875$

158

2. a) $f'(x) = -2x, \; f'(1) = -2$, Tangente: $t(x) = -2x + 2$

b) $f'(-1) = 2$, Normale: $n(x) = -0,5x + 0,5$

3. a) Berührpunkt von Tangente und f: $B(1|6)$, Normale: $n(x) = -0,25x + 6,25$

b) $B(1|6)$: $\quad a + b \quad = 6$

$f'(1) = 4$: $\quad 3a + 2b \; = 4, \; a = -8, \; b = 14$, Resultat: $f(x) = -8x^3 + 14x^2$

159

4. a) $t(x) = 2x - 1, \; n(x) = -0,5x + 1,5$

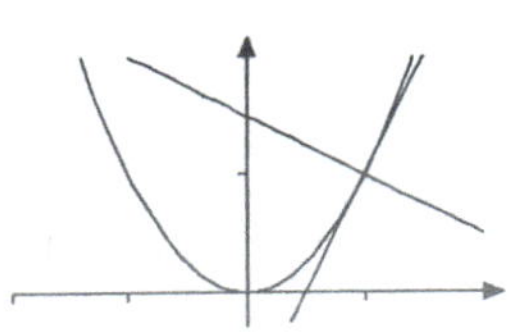

b) $t(x) = -x + 2, \; n(x) = x - 2$

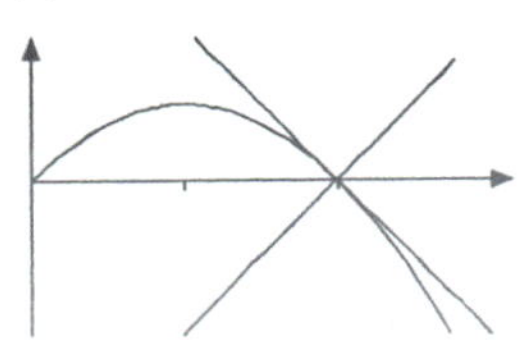

159 4. c) $t(x) = -x$, $n(x) = x$

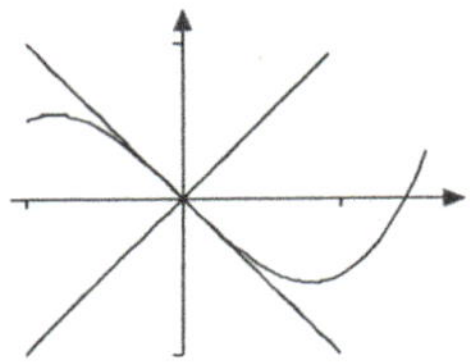

d) $t(x) = -2x + 4{,}5$
$n(x) = 0{,}5x - 3$

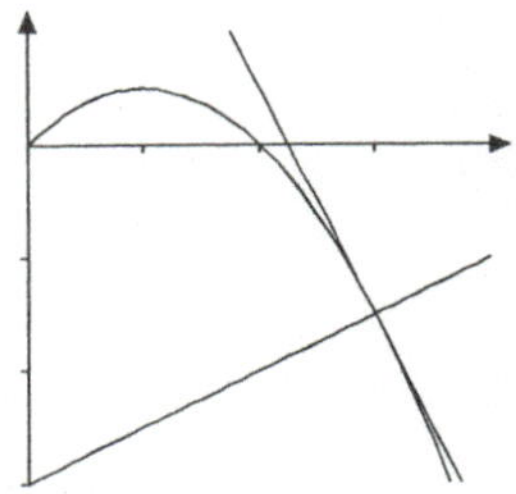

e) $t(x) = 0{,}8x - 1{,}6$, $n(x) = -1{,}25x + 6{,}6$

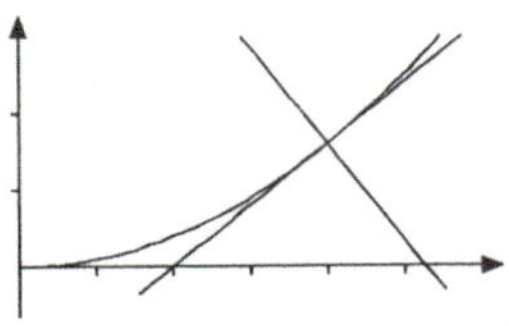

f) $t(x) = -4x$
$n(x) = 0{,}25x$

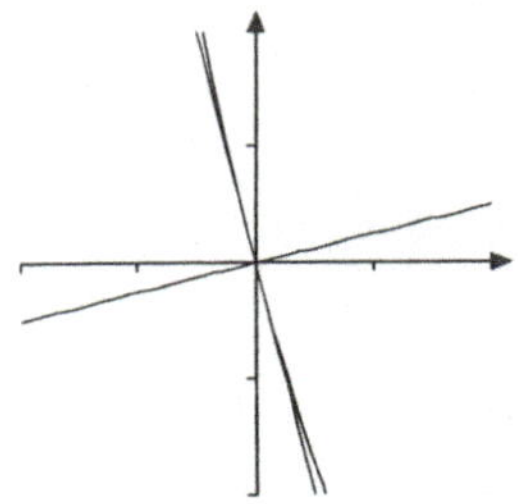

g) $t(x) = 8x - 12$
$n(x) = -0{,}125x + 8{,}25$

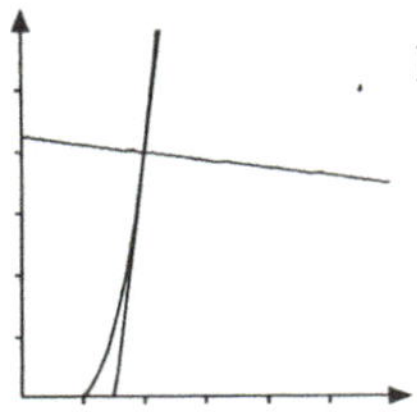

h) $t(x) = 0{,}5$
Normale: $x = 1$

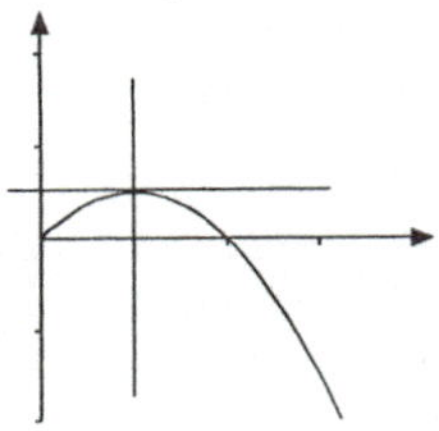

i) $t(x) = 0{,}5x + 2{,}25$
$n(x) = -2x - 0{,}25$

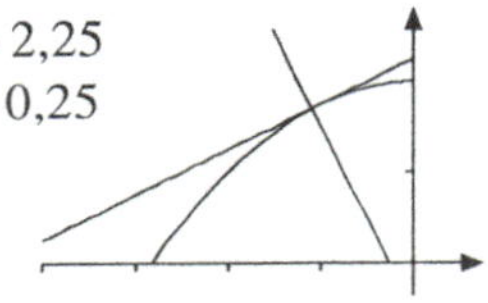

4. Diskussionen ganzrationaler Funktionen

161 1. a) Zunächst (bei $v = 0$) liegt der Graph von b noch über dem von a. Bei ca. $v = 80$ schneiden sie sich, danach liegt der Graph von a oberhalb von b.

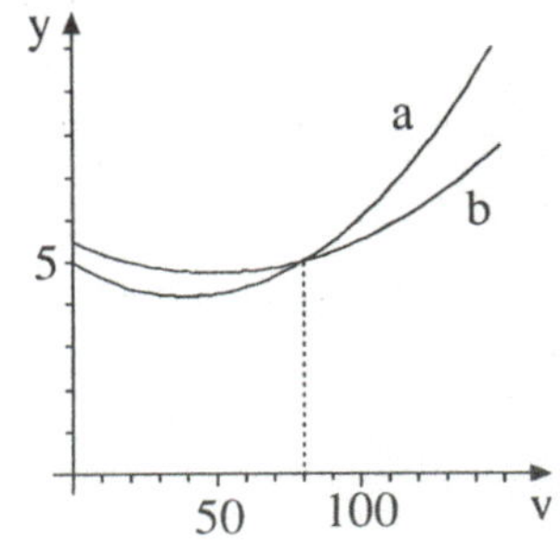

b) $a'(v) = 0{,}001v - 0{,}04 = 0$ für $v = 40$
$b'(v) = 0{,}0006v - 0{,}03 = 0$ für $v = 50$
Der Verbrauch für a ist minimal für $v = 40$, der von b bei $v = 50$ km/h.

c) $a(v) = b(v)$: $0{,}0002v^2 - 0{,}01v - 0{,}5 = 0$, $v \approx 80{,}9\text{km/h}$

d) $a(v) > 10$: $0{,}0005v^2 - 0{,}04v - 5 = 0$, $v \approx 147{,}7\text{km/h}$

e) $a(100) = 6$, $a(120) = 7{,}4$: Der Verbrauch steigt um 1,4 Liter.

2. a) $f'(x) = \frac{1}{2}x - \frac{1}{2}$, $f''(x) = \frac{1}{2}$ 162

Symmetrie: keine , Nullstellen: keine

Extrema: $T(1 \mid \frac{7}{4})$

f ist streng monoton fallend für $x < 1$
und streng monoton steigend für $x > 1$.

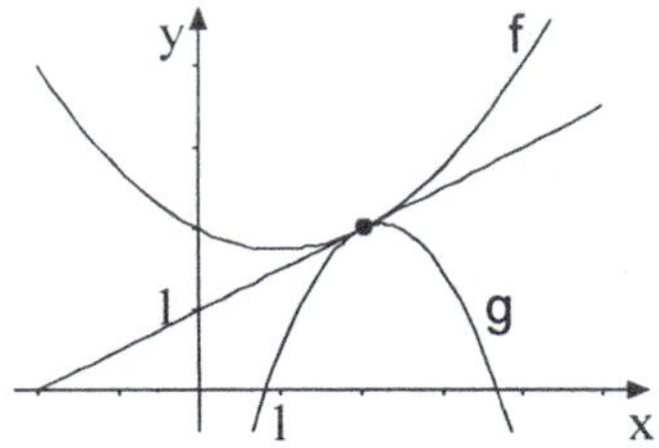

b) Schnittpunkte von f und g:
$f = g$: $x^2 + 4{,}5x + 3 = 0$, $S(2 \mid 2)$

Tangentensteigung in S: $\left.\begin{array}{l} f'(x) = \frac{1}{2}x - \frac{1}{2} \Rightarrow f'(2) = \frac{1}{2} \\ g'(x) = -2x + \frac{9}{2} \Rightarrow g'(2) = \frac{1}{2} \end{array}\right\} \Rightarrow$ S ist Berührpunkt

c) Gleichung der gemeinsamen Tangente: $y(x) = 0{,}5x + 1$

3. a) $f'(x) = 3x^2 + 1$

Nullstelle: $x = 0$

Punktsymmetrie zum Ursprung

Extrema: keine

f ist streng monoton steigend

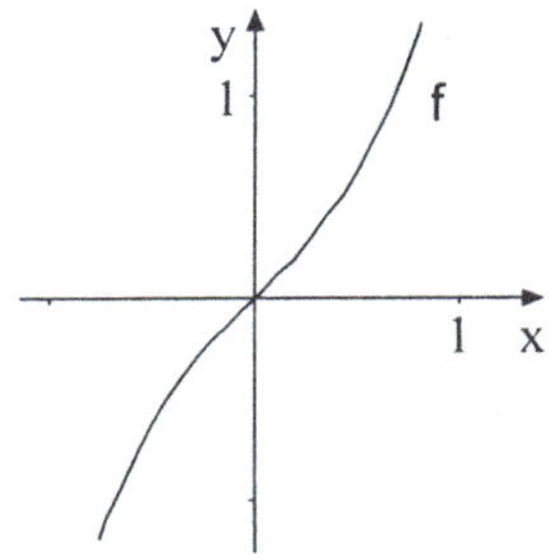

b) $f'(x) = 4x^3 - 4x$

Nullstellen: $x = 0$, $x = \pm\sqrt{2}$

achsensymmetrisch zur y-Achse

Extrema: $T(-1 \mid -1)$, $H(0 \mid 0)$, $T(1 \mid -1)$

f ist streng monoton fallend für $x < -1$ und $0 < x < 1$

f ist streng steigend für $-1 < x < 0$ und $x > 1$

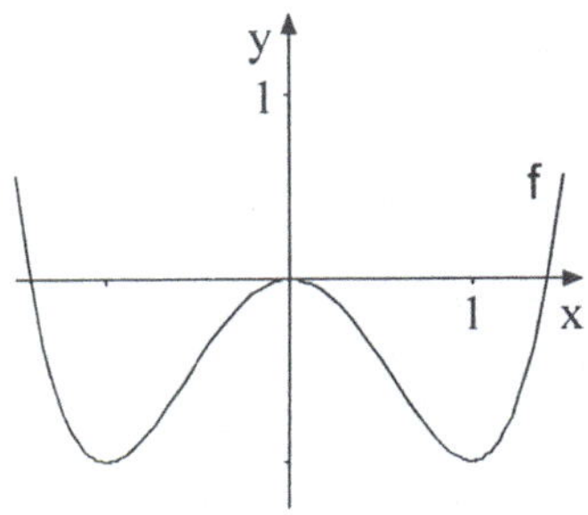

c) $f'(x) = 4x^3 + 1$

Nullstellen: $x = 0$, $x = -1$

Symmetrie: keine

Extrema: $T(-\sqrt[3]{\frac{1}{4}} \mid -0{,}472)$

f ist streng monoton fallend für $x < -\sqrt[3]{\frac{1}{4}}$
und streng monoton steigend für $x > -\sqrt[3]{\frac{1}{4}}$

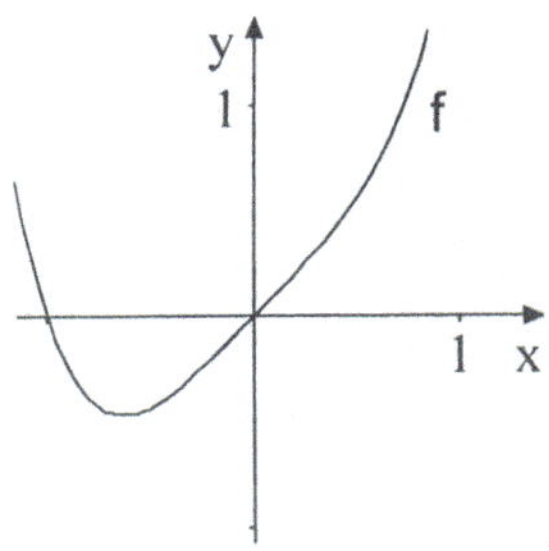

162 3. d) $f'(x) = 4x^3 - 6x^2$

Nullstellen: $x = 0$, $x = 2$

Symmetrie: keine

Extrema: T(1,5|–1,6875)

f ist streng monoton fallend für $x < 1,5$

und streng monoton steigend für $x > 1,5$

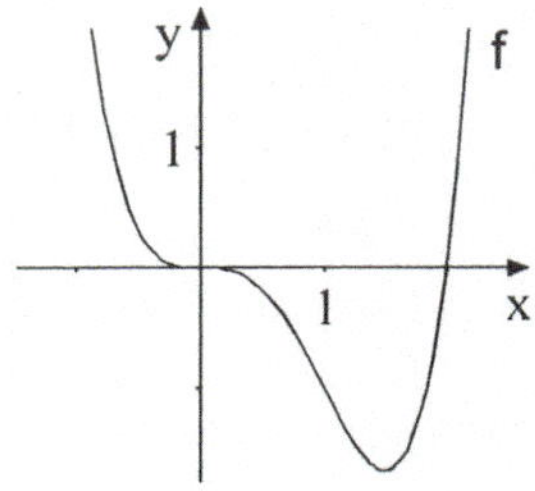

163 4. a) $f'(x) = 3x^2 + 3x - 2,25$

Symmetrie: keine

Nullstellen: 0 ; 0,927 ; –2,427

Extrema: H(–1,5 | 3,375), T(0,5 | –0,625)

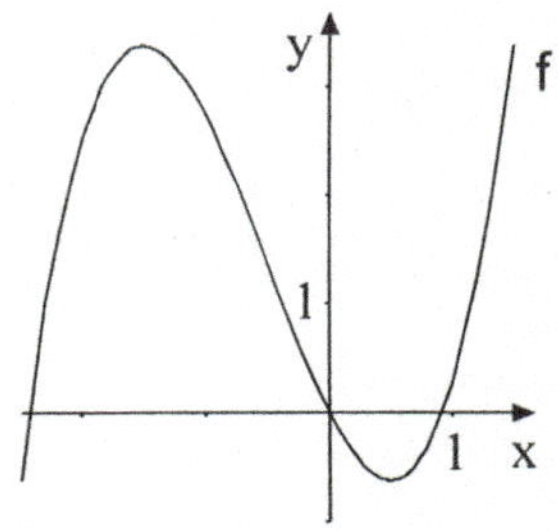

b) $f'(x) = 3x^2 + 6x + 2,25$

Symmetrie: keine

Nullstellen: $x = 0$, $x = -1,5$

Extrema: H(–1,5 | 0), T(–0,5 | –0,5)

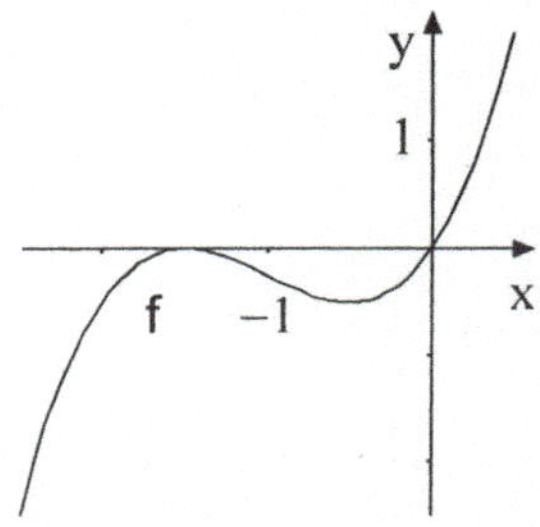

c) $f'(x) = 3x^2 - 12x + 9$

Symmetrie: keine

Nullstellen: $x = 0$, $x = 3$

Extrema: H(1 | 4), T(3 | 0)

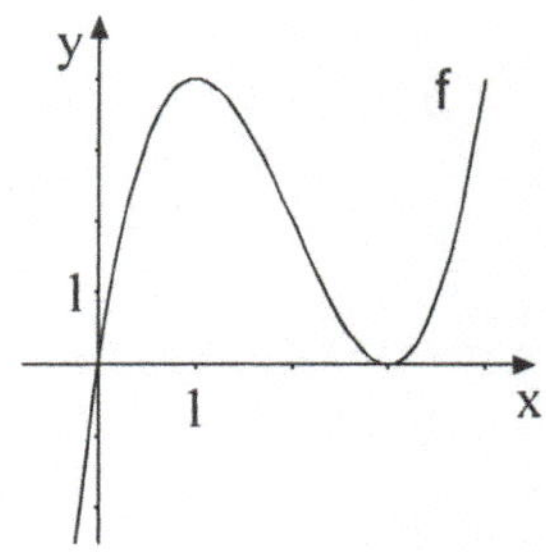

5. a) $f'(x) = 3x^2 + 2x - 1$

Symmetrie: keine

Nullstellen: 0 ; 0,62 ; –1,62

Extrema: H(–1 | 1), $T(\frac{1}{3} | -\frac{5}{27})$

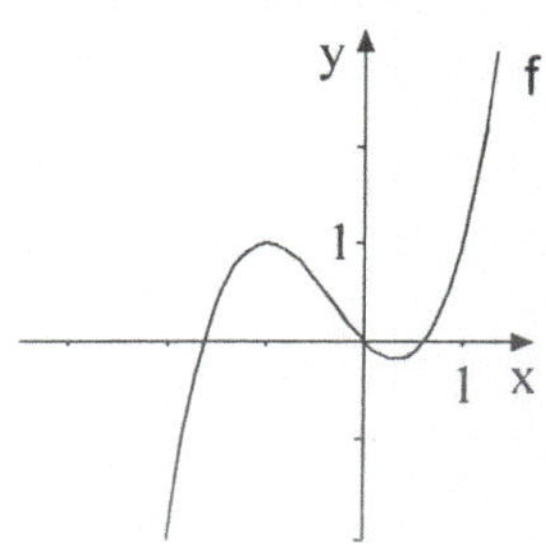

5. b) $f'(x) = -6x^2 + 2x + 4$ 163

Symmetrie: keine

Nullstellen: 0 ; −1,19 ; 1,7

Extrema: $T(-\frac{2}{3} \mid -1{,}63)$, $H(1 \mid 3)$

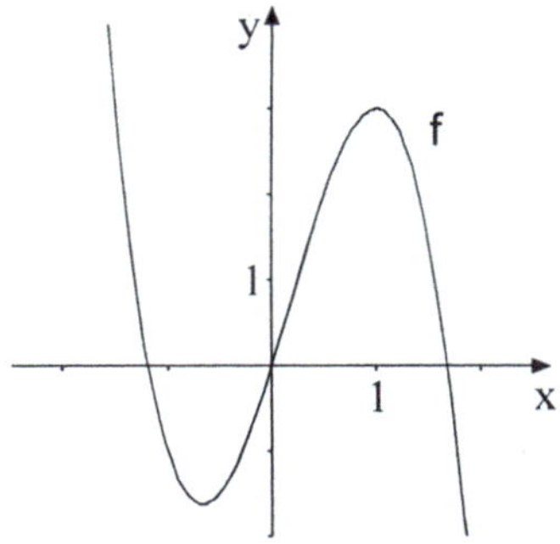

c) $f'(x) = \frac{3}{4}x^2 + x - \frac{15}{4}$

Symmetrie: keine

Nullstellen: 0 ; −5 ; 3

Extrema: $H(-3 \mid 9)$, $T(\frac{5}{3} \mid -3{,}7)$

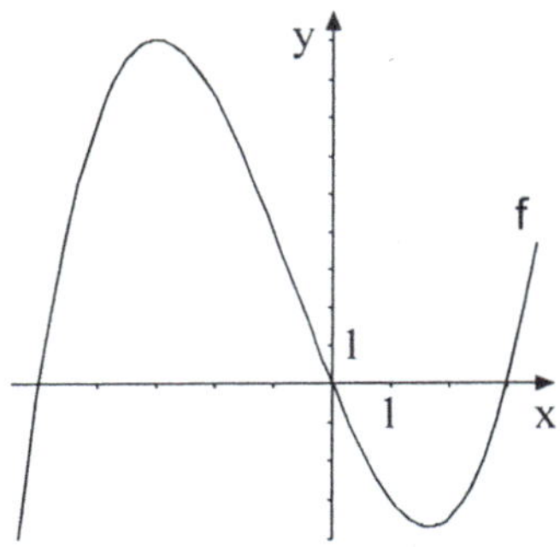

6. a) $f(x) = x^2 - 8x + 15$ b) $f(x) = x^3 - 3x$ c) $f(x) = x^4 - 2x^2$ (Graph s.b)) 164

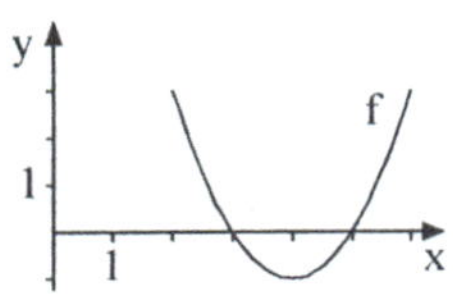

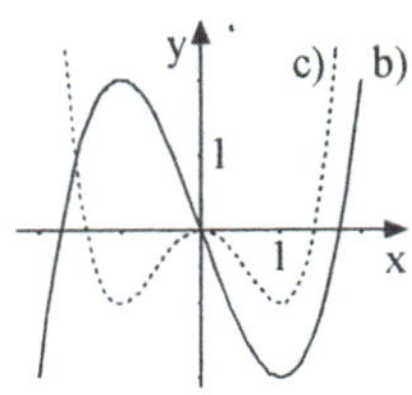

a) Nullstellen: 3 und 5

Extrema: $T(4 \mid -1)$

b) Nullstellen: 0, $-\sqrt{3}$ und $\sqrt{3}$

Extrema: $H(-1 \mid 2)$, $T(1 \mid -2)$

c) Nullstellen: 0, $-\sqrt{2}$, $\sqrt{2}$

Extrema: $T(-1 \mid -1)$, $H(0 \mid 0)$, $T(1 \mid -1)$

164 6. d) $f(x)=\frac{1}{3}x^3+0{,}5x^2-2x$

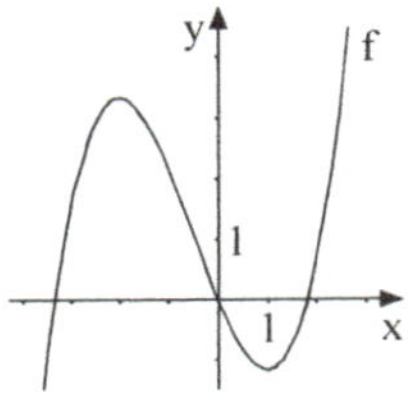

Nullstellen:
0 , −3,31 und 1,81
Extrema:
H(−2 | 3,33), T(1|−1,17)

e) $f(x)=4-x^3$

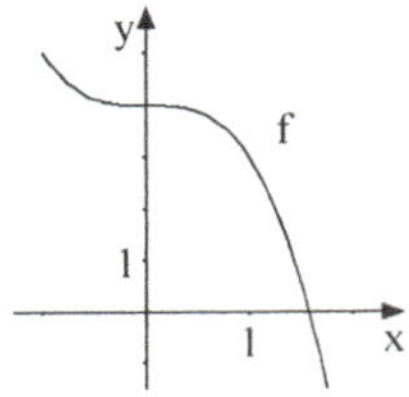

Nullstellen:
1,59
Extrema:
keine

f) $f(x)=-x^4+5x^2-4$

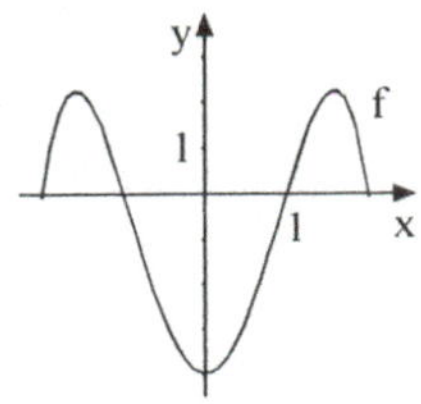

Nullstellen:
−1 , 1 , −2 und 2
Extrema:
H(−1,58 | 2,25), H(1,58 | 2,25)
T(0|−4)

7. a) Nullstellen: −4 und 2

Extrema: $f'(x)=\frac{1}{4}(2x+2)$, T(−1|−2,25)

Steigung bei x = 0: $f'(0)=0{,}5$

b) Nullstellen: −2 und 2

Extrema: $f'(x)=2x^3-3x$

T(−1,22|−3,12), H(0|−2), T(1,22|−3,12)

Steigung bei x = 0: $f'(0)=0$

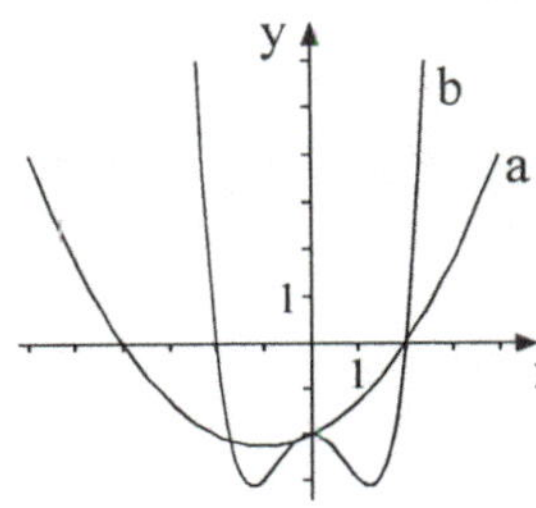

c) Nullstellen: −4,85 , 0 und 1,85

Extrema: $f'(x)=\frac{1}{2}x^2+x-1{,}5$, H(−3|4,5), T(1|−0,83)

Steigung bei x = 0: $f'(0)=-1{,}5$

d) Nullstellen:

Extrema: $f'(x)=3x^2-2x$, H(0|4), T(0,67|3,85)

Steigung bei x = 0: $f'(0)=0$

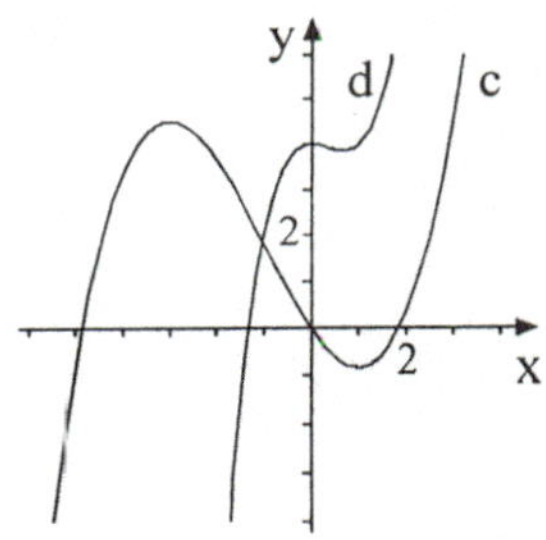

e) Nullstellen: −2,45 , 0 und 2,45

Extrema: $f'(x)=\frac{5}{3}x^4-6x^2$

H(−1,9|5,46), S(0|0), T(1,9|−5,46)

Steigung bei x = 0: $f'(0)=0$

f) Nullstellen: −1,9 , −1,18 , 0 , 1,18 , 1,9

Extrema: $f'(x)=5x^4-15x^2+5$

H(−1,62|2), T(−0,62|−2), H(0,62|2), T(1,62|−2)

Steigung bei x = 0: $f'(0)=5$

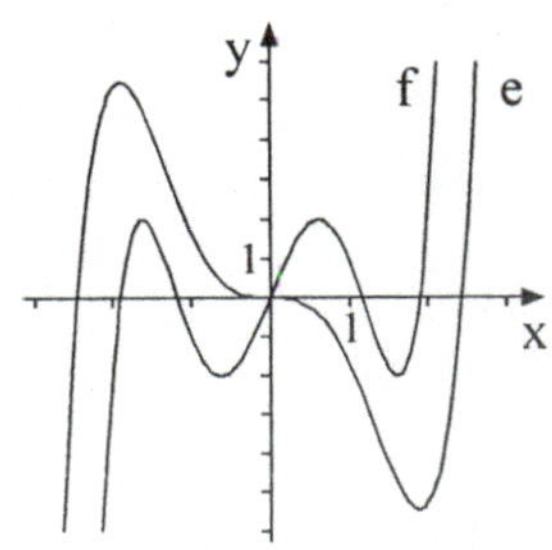

8. a) $f'(x)=3x^2-6x-1$, $f''(x)=6x-6$, $f'''(x)=6$

b) $f(-1)=0$, $f(1)=0$, $f(3)=0$

d)

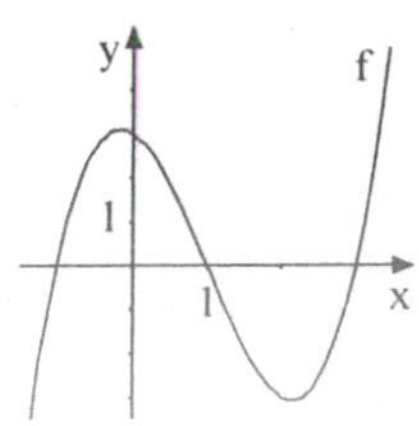

c) $f'(x)=0: \quad 0=x^2-2x-\frac{1}{3}, \quad x_{1/2}=1\pm\sqrt{\frac{4}{3}}$ 164

$x_1 \approx -0{,}1547$

$f'(-0{,}16)=0{,}0368>0, \quad f'(-0{,}15)=-0{,}0325 \Rightarrow H(-0{,}1547\,|\,3{,}079)$

$x_2 \approx 2{,}1547$

$f'(2{,}1)=-0{,}37<0, \quad f'(2{,}2)=0{,}32>0 \Rightarrow T(2{,}1547\,|\,-3{,}079)$

e) $f''(x)=0$ gilt für $x=1$, $f'(1)=-4$
Bei $x=1$ fällt die Funktion mit $m=-4$ am steilsten ab.

f) Ansatz $t(x)=-4x+n$, Punktprobe: $0=-4+n$, $n=4$
Resultat: $t(x)=-4x+4$

9.a) $f(x)=ax^3+bx+c$, $f'(x)=3ax^2+b$, $f''(x)=6ax$
I. $f(1)=0$: $0=a+b+c$
II. $f'(1)=0$: $0=3a+b$
III. $f(0)=1$: $1=c$, II.–I.: $0=2a-1$, $a=0{,}5$, $b=-1{,}5$
Resultat: $f(x)=0{,}5x^3-1{,}5x+1$

b) $f(x)=ax^3+bx^2+c$, $f'(x)=3ax^2+2bx$, $f''(x)=6ax+2b$
I. $f(0)=1$: $1=c$
II. $f(2)=0$: $0=8a+4b+1$
III. $f'(2)=0$: $0=12a+4b$, III.–II.: $0=4a-1$, $a=0{,}25$, $b=-0{,}75$
Resultat: $f(x)=0{,}25x^3-0{,}75x^2+1$

10. a) $h'(t)=\frac{1}{1000}(3t^2-360t+6000)$, $h'(t)=0$: $t^2-120t+2000=0$ für $t=20$ und $t=100$
größte Höhe: $h(20)=456$ m ; geringste Höhe: $h(100)=200$ m

b) größter Höhenverlust im Extremum von h': $h''(t)=\frac{1}{1000}(6t-360)$, $h''(t)=0$ für $t=60$
Zum Zeitpunkt $t=60$ ist der Höhenverlust am größten.

c) $m=\frac{h(10)-h(0)}{10-0}=\frac{443-400}{10}=4{,}3$
Der durchschnittliche Höhengewinn der ersten 10 Minuten beträgt 4,3 m/min.

d) $h'(t)=2{,}7$: $t^2-120t+1100=0$, $x=60\pm 50$
Bei $t=10$ und $t=110$ beträgt die momentane Höhenänderung 2,7 m/min.

11. Der Gewinn ist die Differenz aus Erlös und Kosten: 165

a) $G(x)=100x-(x^3+19x+154)=-x^3+81x-154$

b)

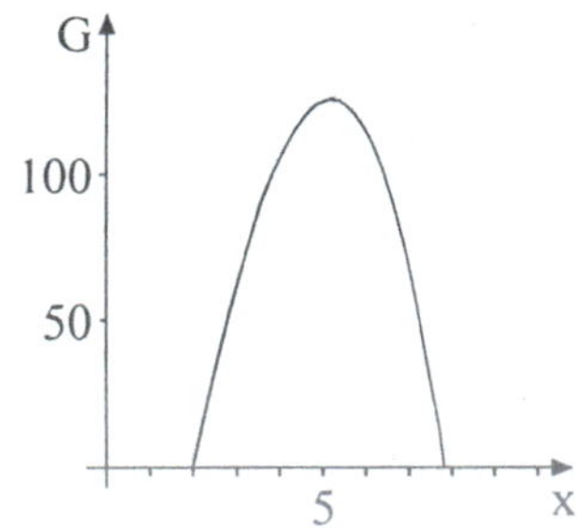

c) Nullstellen von G: $x=2$ und $x\approx 7{,}83$
Gewinnbereich: $2<x<7{,}83$

d) $G'(x)=-3x^2+81=0$: $x=\sqrt{27}\approx 5{,}20$
$G(5{,}2)=126{,}592$, d.h. 126592 Euro

165

12. a) $U(x) = 120x$

$G(x) = U(x) - K(x) = -0{,}02x^3 + 3x^2 - 52x - 2400$

b)

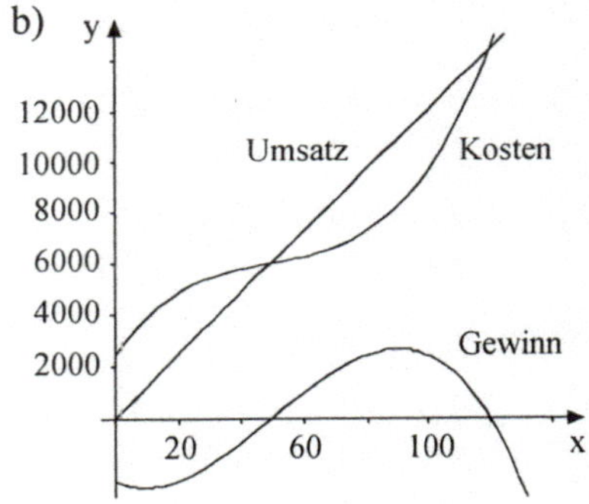

c) Ablesen aus dem Graphen ergibt, dass die Gewinnfunktion zwischen x = 50 und x = 120 positiv ist. bzw. GTR
Der Gewinnbereich ist also $50 < x < 120$.

d) Ansatz: $G'(x) = 0$

$-0{,}06x^2 + 6x - 52 = 0$

$x^2 - 120x + 866{,}67 = 0$

$x = 90{,}41$ (Max.) ($x = 9{,}59$ Min.)

Eine Stückzahl von $x \approx 90$ maximiert den Tagesgewinn.

e) x = 130 Fahrräder verursachen Kosten von K(130) = 18000 Euro.

Um diese auszugleichen, muss man pro Fahrrad $\frac{18000}{130} \approx 138{,}47$ € erlösen.

13. a) Wertetabelle und Graph:

t	c
0	81
1	128
2	147
3	144
4	125
5	96
6	63
7	32
8	9
9	0

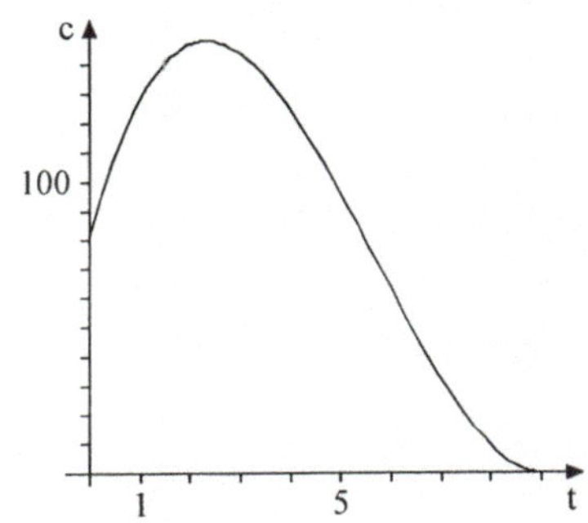

b) Anfangskonzentration: $c(0) = 81 \frac{\mu g}{ml}$ Vollständiger Abbau: $c(9) = 0 \frac{\mu g}{ml}$

Nach 9 h ist das Medikament gänzlich abgebaut.

Überprüfung: $9^3 - 17 \cdot 9^2 + 63 \cdot 9 + 81 = 0$

c) Maximalkonzentration:

Ansatz: $c'(x) = 0$

$3t^2 - 34t + 63 = 0, \quad t^2 - \frac{34}{3}t + 21 = 0, \quad t = \frac{17}{3} \pm \frac{10}{3}$

$t = \frac{7}{3} \approx 2{,}33$ h (Max.) ($t = 9$ h Min.)

$c(2{,}33) = 148{,}15 \frac{\mu g}{ml}$ (Maximalkonzentration)

d) Die Konzentration steigt für $0 < t < 2{,}33$ und fällt für $2{,}33 < t < 9$.

e) Die stärkste Änderung der Konzentration: Maximum von c'.

Ansatz: $c''(t) = 0$

$6t - 34 = 0, \quad t = \frac{17}{3} \approx 5{,}67$ h

Zusammengesetzte Übungen

1. a) $f'(x) = \frac{1}{2}x^2 - 4x + 6$ 166
   Nullstellen: $x = 0$, $x = 6$
   Extrema: $T(6|0)$, $H(2|\frac{16}{3})$

   b) Ansatz: $f'(x) = \frac{1}{2}x^2 - 4x + 6$, $x^2 - 8x = 0$
   g ist Tangente an f im Ursprung.

   c) Zu g parallele Tangente an f: $g_1(x) = 6(x-8) + \frac{16}{3}$

   d) Ansatz: $\frac{1}{6}x(x-6)^2 = m \cdot x$
   Alle Ursprungsgeraden schneiden den Graphen von f im Ursprung.
   Für $x \neq 0$ bleibt zu untersuchen: $\frac{1}{6}(x-6)^2 = m \quad \Leftrightarrow \quad x^2 - 12x + 36 - 6m = 0$

   $x = 6 \pm \sqrt{6m}$: $m < 0$: nur ein Schnittpunkt $S_1(0|0)$
   $m = 0$: 2 Schnittpunkte $S_1(0|0)$, $S_2(6|0)$
   $m > 0$: 3 Schnittpunkte falls $m \neq 6$, für $m = 6$ zwei Schnittpunkte

2. a) f_1 hat Nullstellen bei –3, 0, 3 (blauer Graph)
   f_2 hat Nullstellen bei 0, –3 , $f_2(1) > 0$ (roter Graph)
   f_3 hat Nullstellen bei 0, –3 , $f_3(1) < 0$ (violetter Graph)

   b) $g(x) = x^3 + 3x^2 = x^2(x+3)$, $g'(x) = 3x^2 + 6x$
   Nullstellen: $x = 0$, $x = -3$
   Extrema: $T(0|0)$, $H(-2|4)$

   c) $g(x) = x^2(x+3) = -f_3(x)$
   Der Graph von g ist gleich dem an der x–Ache gespiegelten Graphen von f_3.

   d) Ansatz: $t(x) = mx + n$ mit $m = g'(-1) = -3$
   $t(x) = -3x + n$, $P(-1|2)$: $n = -1$; $t(x) = -3x - 1$
   t schneidet die x-Achse bei $x = -\frac{1}{3}$ unter ca. 71,6°.

   e) Sie schneiden sich bei $x = -3$, $x = 0$ und $x = 1{,}5$

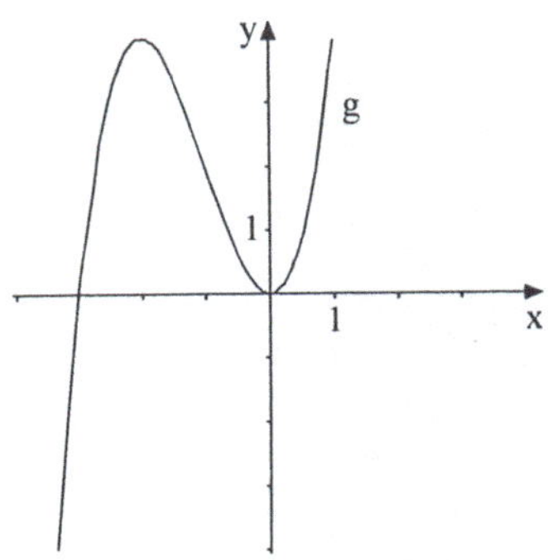

3. a) $f(4) = -\frac{1}{8}(64 - 96 + c) = 0$ gilt für $c = 32$
   $f(x) = -\frac{1}{8}(x^3 - 6x^2 + 32) = -\frac{1}{8}(x-4)(x^2 - 2x - 8) = -\frac{1}{8}(x-4)^2(x+2)$

   c) Nullstellen von f: $x = 4$, $x = -2$

   d) $f'(x) = -\frac{1}{8}(3x^2 - 12x)$, $f''(x) = -\frac{1}{8}(6x - 12)$
   Extrema: $T(0|-4)$, $H(4|0)$

   e) Dort, wo f' ein Maximum besitzt: $f'(x) = 0$ für $x = 2$.
   Im Punkt $P(2|-2)$ ist der steilste Anstieg.

   f) Ansatz: $g(x) = mx + n$ mit $m = f'(2) = 1{,}5$
   $g(x) = 1{,}5x + n$ mit P: $n = -5$, $g(x) = 1{,}5x - 5$

   g) x-Achse bei $x = \frac{10}{3}$; y-Achse bei $y = -5$

b)

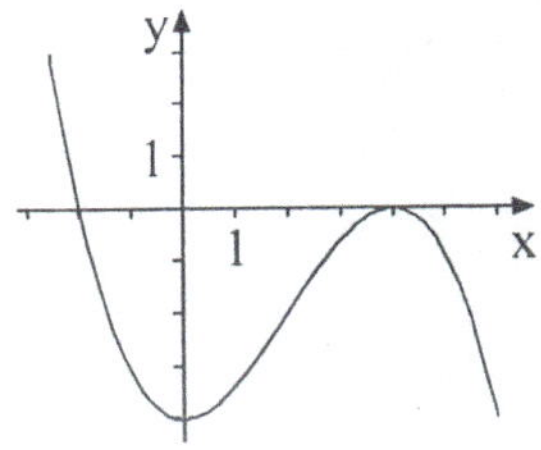

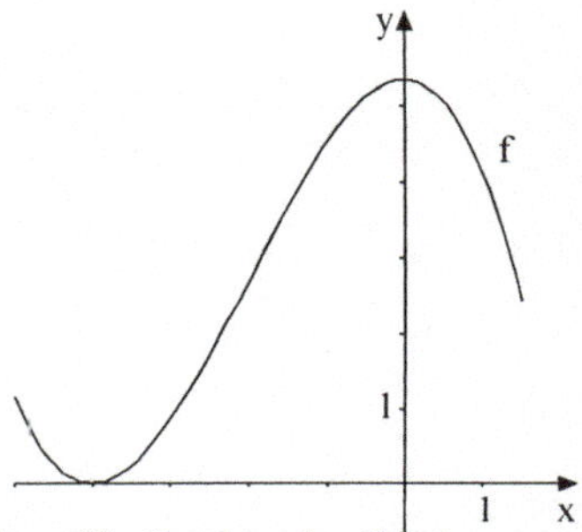

166 4. a)

x	–5	–4	–3	–2	–1	0	1
f(x)	$\frac{7}{6}$	0	$\frac{5}{6}$	$\frac{8}{3}$	$\frac{9}{2}$	$\frac{16}{3}$	$\frac{25}{6}$

b) $f'(x) = -\frac{1}{2}x^2 - 2x$, $f''(x) = -x - 2$
Extrema: $T(-4|0)$, $H(0|\frac{16}{3})$

c) $f(0) = \frac{16}{3}$, bei $x = 0$

d) Tiefster Punkt der Senke: $P(-4|0)$. Für $-5 \le x \le -4$ werden alle Punkte der Senke vom Feuer beleuchtet. Für $x > -4$ werden alle Punkte der Senke beleuchtet bis zu einem Punkt $Q(x_0|y_0)$, in dem die Tangente an den Graphen von f durch $P(-4|0)$ geht.
Gerade durch $P(-4|0)$ mit beliebiger Steigung m: $y = m(x+4)$
Ansatz: Schnittpunkte von y und f berechnen:

$$-\frac{1}{6}x^3 - x^2 + \frac{16}{3} = mx + 4m \quad \Leftrightarrow \quad x^3 + 6x^2 + 6mx + 24m - 32 = 0$$

Eine Lösung $x = -4$ ist bekannt. Faktorisierung ergibt:

$$x^3 + 6x^2 + 6mx + 24m - 32 = (x+4)(x^2 + 2x + 6m - 8)$$

Weitere Lösungen: $x = -1 \pm \sqrt{9 - 6m}$
Die Gerade ist Tangente an den Graphen von f, wenn $m = \frac{3}{2}$, $x = -1$ ist.
Ergebnis: Von $P_1(-5|\frac{7}{6})$ bis $P_2(-1|\frac{9}{2})$ werden die Punkte der Senke vom Feuer beleuchtet.

4. e) Die in d) bestimmte Gerade hat die Gleichung $y = \frac{3}{2}(x+4)$.
$y(0) = 6$, $f(0) = \frac{16}{3}$, Differenz: $\frac{2}{3}$
Diese Differenz entspricht 6,67 m.
Bei einer Augenhöhe von 1,67 m muss die Plattform 5 m hoch sein.

167 5. a) $f(1) = 31{,}2$, nach 1 Sekunde ist er 31,2 m hoch.
b) $f(t) = 50$ führt auf $t^2 - 37{,}5t + 60 = 0$ mit den Lösungen $t = 1{,}68$ bzw. $t = 35{,}83$
Nach ca. 1,7 s sind 50 m Höhe erreicht. Nach ca. 36 s ist dies nochmals der Fall.
c) $f'(t) = -1{,}6t + 30$ beschreibt die vertikale Steigungsgeschwindigkeit.
d) Bei $f'(t) = 0$, also $-1{,}6t + 30 = 0$ d.h. bei $t = 18{,}75$ s sind 283,25 m die größte Höhe.
e) $f(t) = 0$, $t^2 - 37{,}5t - 2{,}5 = 0$ hat die Lösungen $t = 37{,}57$ $(-0{,}07)$
Die Flugzeit des Steins beträgt ca. 37,6 s.
f) $v(37{,}6) = h'(37{,}6) = -30{,}16$; mit ca. 30 m/s schlägt der Stein auf

6. a) Der Graph von f ist offensichtlich symmetrisch zur y-Achse.
Nachweis: $f(-x) = \frac{1}{4}(-x)^4 - 2(-x)^2 = \frac{1}{4}x^4 - 2x^2 = f(x)$

b) Der Graph von f fällt streng monoton für $x < 2$ und $0 < x < 2$, dort ist $f'(x) < 0$.
Der Graph von f steigt streng monoton für $-2 < x < 0$ und $x > 2$, dort ist $f'(x) > 0$.

c) $f'(x) = x^3 - 4x = 0$ für $x = 0$ und $x = -2$ und $x = 2$
$f'(-1) = 3 > 0$, $f'(1) = -3 < 0$, Hochpunkt bei $x = 0$
$f'(-3) = -15 < 0$, $f'(-1) = 3 > 0$, Tiefpunkt bei $x = -2$, wg. Symmetrie auch bei $x = 2$

6. d) Ansatz: $g(x) = mx + n$ mit $m = 2$ und $n = 0$: $g(x) = 2x$ 167
   e) Aus der Skizze kann man ablesen, dass $f'(x) = 2$ an den drei Stellen
   $x_1 \approx -2{,}8$, $x_2 \approx -1{,}6$, $x_3 \approx 2{,}1$ gilt. Dort ist gaher die Tangente an f parallel zu g.

   f) $f_1(x) = \frac{1}{4}(x-2)^4 - 2(x-2)^2 + 4$
   $= \frac{1}{4}(x^4 - 8x^3 + 24x^2 - 32x + 16) - 2(x^2 - 4x + 4) + 4$
   $= \frac{1}{4}x^4 - 2x^3 + 4x^2$

   Die Gerade g geht durch den H, wird der Punkt T_1 von g nach H verschoben, so geht g immer noch durch H und stimmt mit g überein.

7. b) Für < 3 ist $g \geq 0$, dort steigt der Graph von f.
   Für $x > 3$ ist $g < 0$, dort fällt der Graph von f.
   c) $f'(x) = \frac{1}{4}(12x^2 - 4x^3) = 0$ gilt für $x = 0$ und $x = 3$.
   $f'(2) = 4 > 0$, $f'(4) = -16 < 0$, also H(3|6,75)
   d) Ansatz: $t(x) = mx + n$ mit $m = f'(2) = 4$
   $t(x) = 4x + n$ mit P(2|4) folgt $n = -4$
   Resultat: $t(x) = 4x - 4$
   e) $f_1(x) = \frac{1}{4}(4(-x)^3 - (-x)^4) = -\frac{1}{4}(4x^3 + x^4)$

   f) $f_2(x) = \frac{1}{4}(4(x+3)^3 - (x+3)^4) - 6{,}75$
   $= \frac{1}{4}(4(x^3 + 9x^2 + 27x + 27) - x^4 - 12x^3 - 54x^2 - 108x - 81)$
   $= -\frac{1}{4}(x^4 + 8x^3 + 18x^2)$

a)

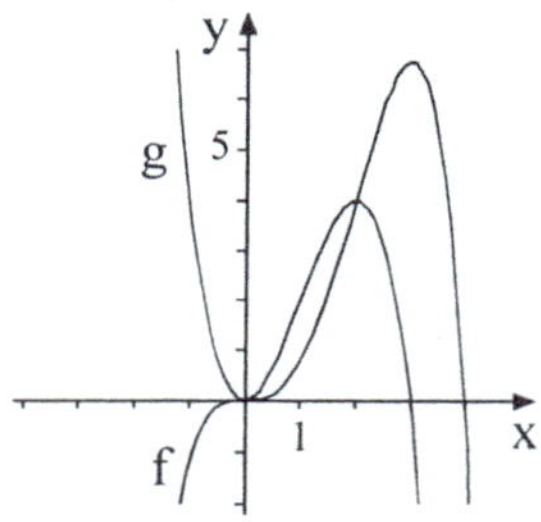

8. a) Nullstellen: $x = 0$ und $x = 2$ 168
   b) $f'(x) = 3x^2 - 4x = 0$ für $x = 0$ und $x = \frac{4}{3}$
   $f'(-1) = 7 > 0$, $f'(1) = -1 < 0$, also H(0|0)
   $f'(1) = -1 < 0$, $f'(2) = 4 > 0$, also $T(\frac{4}{3}|-\frac{32}{27})$
   c) s. Aufgabenstellung
   d) Ansatz: $g(x) = mx + n$ mit $m = -\frac{8}{9}$ und $n = 0$; Resultat: $g(x) = -\frac{8}{9}x$
   e) $f'(x) = -1$ gilt für $x = 1$ und $x = \frac{1}{3}$
   $f'(x) = 4$ gilt für $x = 2$ und $x = -\frac{2}{3}$
   f) Für $x < 2$ ist $f(x) < 0$, dort fällt F, dies ist nur bei b der Fall.

9. a) Nullstellen: $x = 0$ und $x = -a$
   b) $f_a'(x) = 2ax + a^2 = 0$ gilt für $x = -\frac{a}{2}$
   c) Abgebildet sind $f_{2,5}$, f_2 und f_1 (w, v, u).
   d) $T(-\frac{a}{2}|-\frac{a^3}{4})$, $-\frac{a^3}{4} = -2$ gilt für $a = 2$
   e) $f_a'(0) = 1$ gilt für $a = 1$
   f) $f_a(-3) = 6$, $a^2 - 3a + 2 = 0$ gilt für $a = 1$ und $a = 2$.

g)

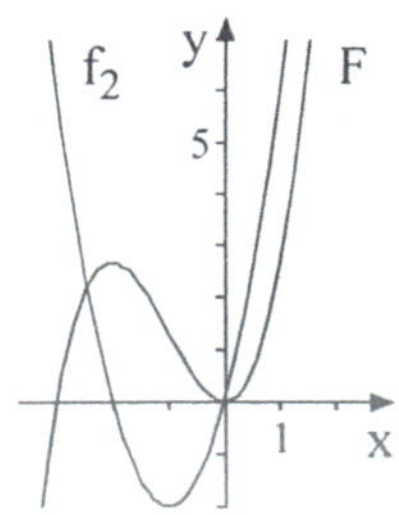

168 10. a) Es treten nur ungerade Exponenten auf.

bzw. $f(-x) = 0,5(-x)^3 - 1,5(-x) = -0,5x^3 + 1,5x = -f(x)$

b) Nullstellen: $x = 0$ und $x = \pm\sqrt{3}$

Extrema: $f'(x) = 1,5x^2 - 1,5 = 0$ für $x = \pm 1$

$f'(-2) = 4,5 > 0\,,\quad f'(0) = -1,5 < 0 \Rightarrow H(-1\,|\,1)$

$f'(0) = -1,5 < 0\,,\quad f'(2) = 4,5 > 0 \Rightarrow T(1\,|\,-1)$

c)

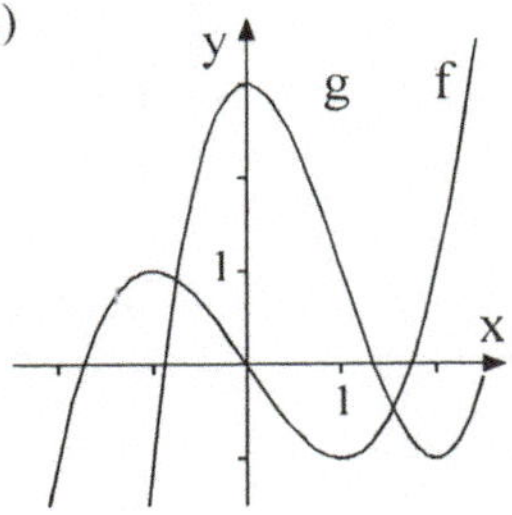

d) Der Hochpunkt von g liegt bei H(0|3).
$g(x) = x^3 - 3x^2 + 3$

e) Der x-Wert des Hochpunktes ist 2,
das ist eine x-Verschiebung um 3, also b = 3.
Der y-Wert ist wie bei d) 3, also gleiche
y-Verschiebung und gleiche Streckung a = 2.
Resultat: $g(x) = 2f(x-3) + 1 = x^3 - 9x^2 + 24x - 17$

f) f fällt dort am steilsten, wo f ' einen Tiefpunkt hat.
$f''(x) = 3x = 0$ für $x = 0$ mit $f'(0) = -1,5$
Im Punkt P(0|0) fällt f am steilsten.
mögliche negative Werte für f ': $-1,5 \le f'(x) \le 0$

g) Das ist die Ursprungsnormale mit $m = -\frac{1}{f'(0)} = \frac{2}{3}$; $h(x) = \frac{2}{3}x$

Knobelaufgabe
Unter drei aufeinander folgenden Zahlen befindet sich genau eine, die durch 3 teilbar ist und mindestens eine, die durch 2 teilbar ist. Also ist das Produkt durch 6 teilbar.

169 11. a) Schnittpunkte mit der x-Achse: X(−4|0) und X(2|0)

Schnittpunkt mit der y-Achse: $Y(0\,|\,\frac{8a}{3})$

b) $f_a(x) = \frac{a}{6}(x^2 - 4x + 4)\cdot(x + 4) = \frac{a}{6}(x^3 - 12x + 16)$

$f_a'(x) = \frac{a}{6}(3x^2 - 12)\,,\quad f_a''(x) = ax$

c) $f_a'(x) = 0$ für $x = -2$ und $x = 2$

$f_a'(-3) = \frac{5a}{2} > 0\,,\quad f_a'(-1) = -\frac{3a}{2} < 0 \Rightarrow H(-2\,|\,\frac{16}{3}a)$

$f_a'(1) = -\frac{3a}{2} < 0\,,\quad f_a'(3) = \frac{5a}{2} > 0 \Rightarrow T(2\,|\,0)$

Hochpunkt mit y = 4: $\frac{16}{3}a = 4\,,\quad a = \frac{3}{4}$

d) $0,2 = \frac{a}{6}\,,\quad a = 1,2$

e) $v = f_{3/8}\,,\ u = f_{9/8}$

f) f_1 fällt dort am steilsten, wo f_1' einen Tiefpunkt hat.
$f_1''(x) = 0$ für $x = 0$ mit $f_1'(0) = -2$; $\alpha \approx 116,6°$

g) $F(x) = \frac{1}{24}(x^4 - 24x^2 + 64x - 48)\,,\quad F'(x) = \frac{1}{6}(x^3 - 12x + 16) = f(x)$

169

12. a)

t	0	1	2	3	4	5	6	7	8	9
N(t)	1	2,23	3	3,39	3,5	3,42	3,25	3,08	3	3,11

b) $f'(t) = \frac{3}{64}t^2 - \frac{18}{32}t + \frac{3}{2} = 0, \quad t^2 - 12t + 32 = 0$
gilt für t = 4 und t = 8
Zum Zeitpunkt t = 4 war die Kolonie am größten.

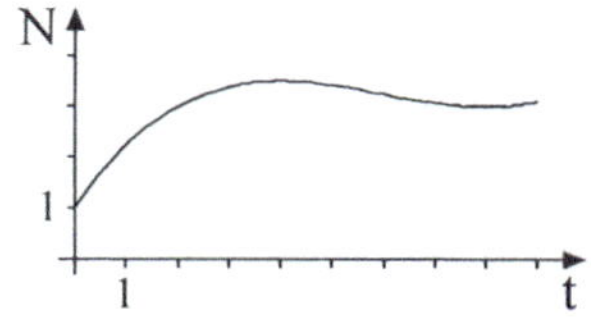

c) Im Zeitraum 4 < t < 8 schrumpfte die Population.

d) $m = \frac{N(9)-N(0)}{9-0} = \frac{3{,}11-1}{9} \approx 0{,}234$

e) $f'(5) \approx -0{,}14$
Die Wachstumsrate war bei t = 0 maximal mit f '(0) = 1,5. Mit wachsendem t sinkt sie bis auf 0 bei t = 4. Danach sinkt sie.
Die Wachstumsrate ist minimal dort, wo f ' einen Tiefpunkt besitzt, also f "(t) = 0 ist.
$f''(t) = \frac{3}{32}t - \frac{18}{32}$, also für t = 6 war die Wachstumsrate minimal.

13. a)

t	1	2	3	4	5	6	7	8	9	10	11	12
y	227	312	361	380	375	352	317	276	235	200	177	172

b) Die Anzahl steigt bis ca. t = 5, danach fällt sie bis t = 12.

c) $f'(t) = 3t^2 - 48t + 150 = 0$ gilt für $t \approx 4{,}26$ und $t \approx 11{,}74$.
Die Maximalzahl beträgt ca. 381.
Die Minimalzahl wird zu Beginn, also für t = 0 erreicht.

d) Sie sinkt am stärksten, wenn f '(t) ein Minimum hat,
also wenn f "(t) = 0 gilt.
$f''(t) = 6t - 48 = 0$ gilt für t = 8
Bei t = 8 sinkt die Anzahl am stärksten.

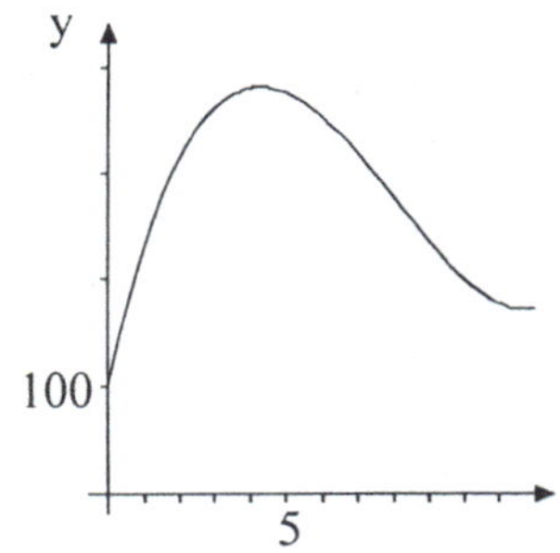

e) $\frac{1}{6}\sum_{t=1}^{6} f(t) = 334{,}5$, d.h. 334500 Downloads im Durchschnitt

f) f (2) = 312, d.h. 312000 Downloads

g) $f'(t) = 6$: $t^2 - 16t + 48 = 0$, x = 4, t = 12

5. Trigonometrische Funktionen

171 1. a) 1. Die Koordinaten eines Punktes auf dem Einheitskreis können alle Werte zwischen -1 und 1 annehmen. Das Bogenmaß x nimmt bei einem Umlauf alle Werte von 0 bis 2π an. Bei mehrfachen Umläufen kann x so beliebig große Werte annehmen. Bei entgegengesetzten Umläufen nimmt x die entsprechenden negativen Werte an.

Also ist $\mathbb{R}$ die Definitionsmenge und $I = [1;-1]$ die Wertemenge.

2. Nach jedem Umlauf (2π) wiederholen sich die Funktionswerte.

3.

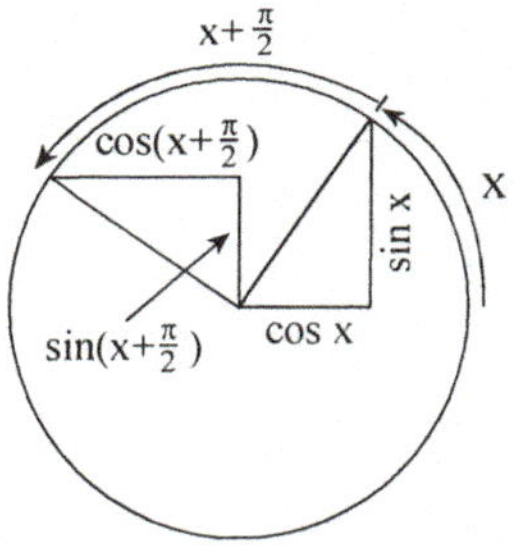

4.

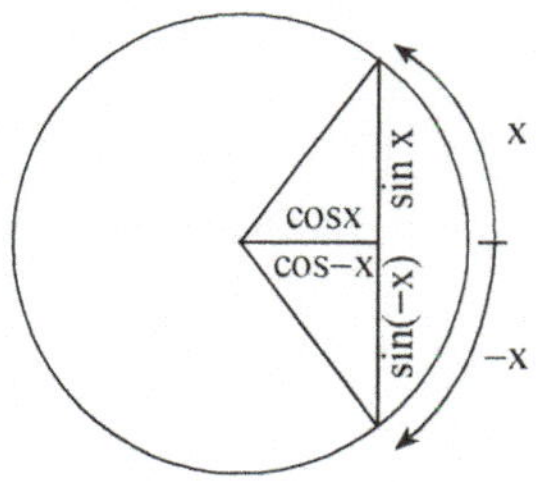

5.

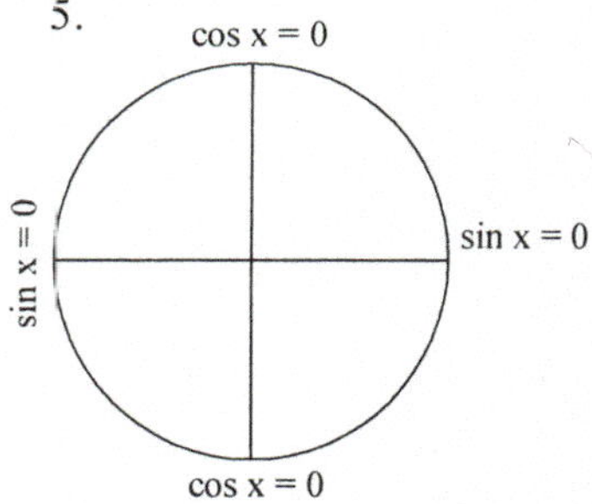

b) $\sin 30° = 0{,}5$, $\sin\frac{\pi}{3} = 0{,}866$, $\sin 60° = 0{,}866$, $\sin 2 = 0{,}909$, $\sin 8{,}3\pi = 0{,}809$
$\cos 0{,}5 = 0{,}878$, $\cos(-\frac{\pi}{3}) = 0{,}5$, $\cos 35° = 0{,}819$

172 2.

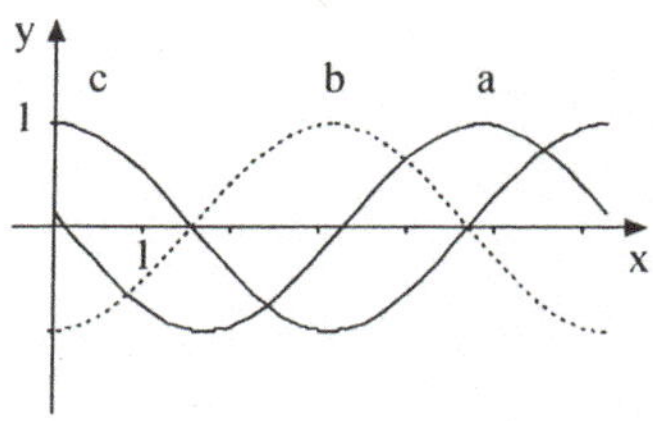

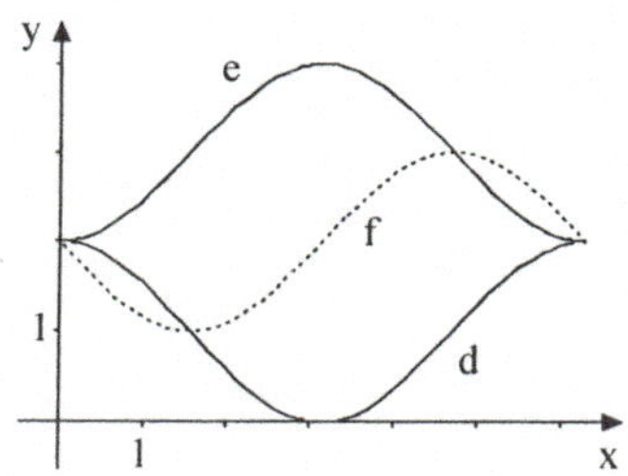

173 3.

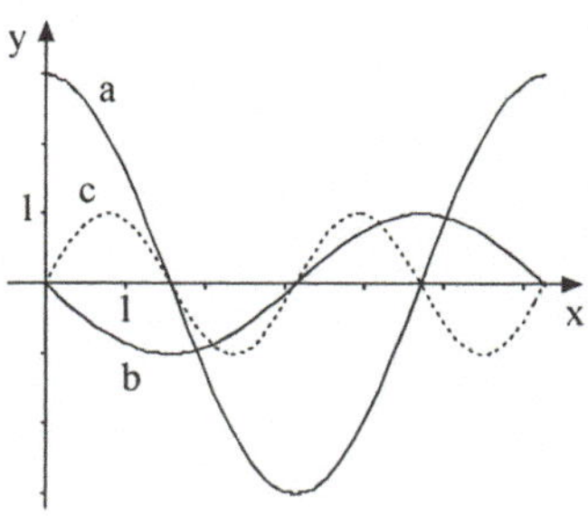

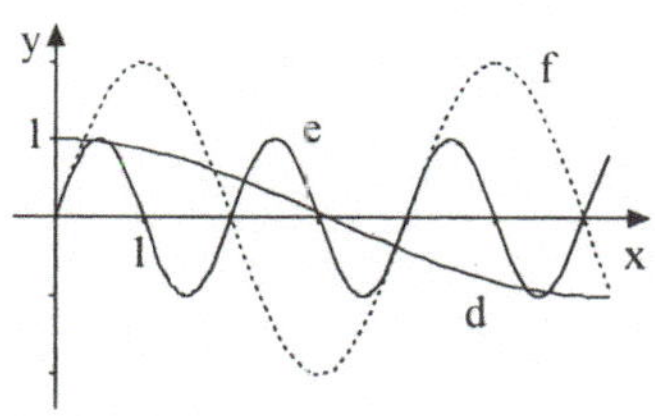

4. 174

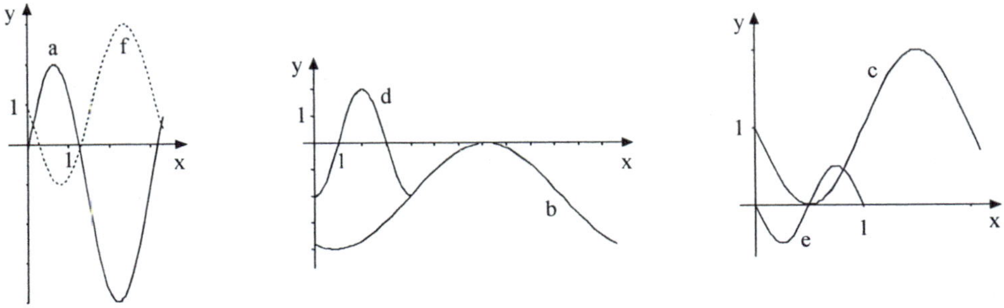

5. $f(x) = -2\sin(\pi x)$ $g(x) = -\sin(\pi x)$ $h(x) = 2\sin(\frac{\pi}{2}x)+1$

$k(x) = \sin(\frac{\pi}{3}(x-1))-2$

6. 175

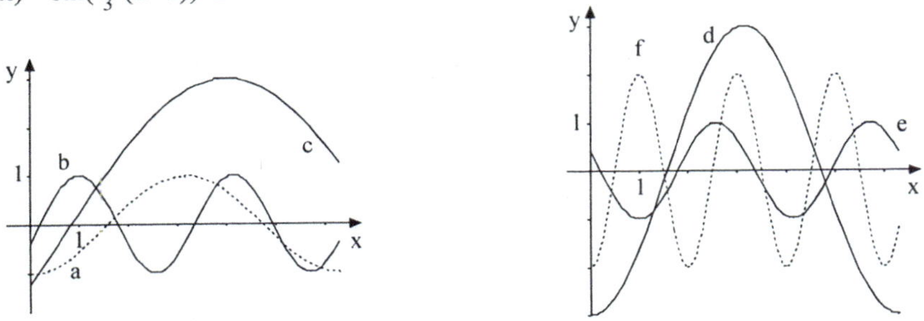

7. Vermutung: $f'(x) = -\sin x$ 176

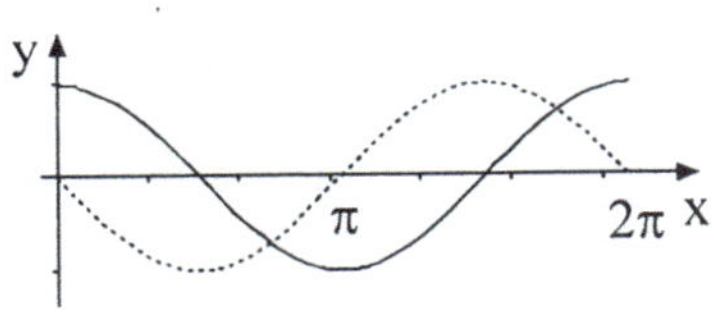

8. a) Tangentenberührpunkt $P(\frac{\pi}{2}|0)$, $f'(x) = -2\sin x$, $f'(\frac{\pi}{2}) = -2$ 177

$t(x) = -2(x - \frac{\pi}{2}) = -2x + \pi$

b) $P(\frac{\pi}{2}|3)$, $f'(x) = 2\cos x$, $f'(\frac{\pi}{2}) = 0$, $t(x) = 3$

c) $P(\frac{\pi}{6}|\frac{3}{2})$, $f'(x) = -\cos x$, $f'(\frac{\pi}{6}) = -\frac{\sqrt{3}}{2}$, $t(x) = -\frac{\sqrt{3}}{2}(x - \frac{\pi}{6}) + \frac{3}{2}$

d) $P(\frac{\pi}{6}|0)$, $f'(x) = -6\sin(3x)$, $f'(\frac{\pi}{6}) = -6$, $t(x) = -6x + \pi$

e) $P(\frac{\pi}{3}|2)$, $f'(x) = 2\cos(\frac{x}{2})$, $f'(\frac{\pi}{3}) = \sqrt{3}$, $t(x) = \sqrt{3}(x - \frac{\pi}{3}) + 2$

f) $P(\frac{\pi}{3}|4)$, $f'(x) = 4\sin(2x)$, $f'(\frac{\pi}{3}) = 2\sqrt{3}$, $t(x) = 2\sqrt{3}(x - \frac{\pi}{3}) + 4$

178 9.

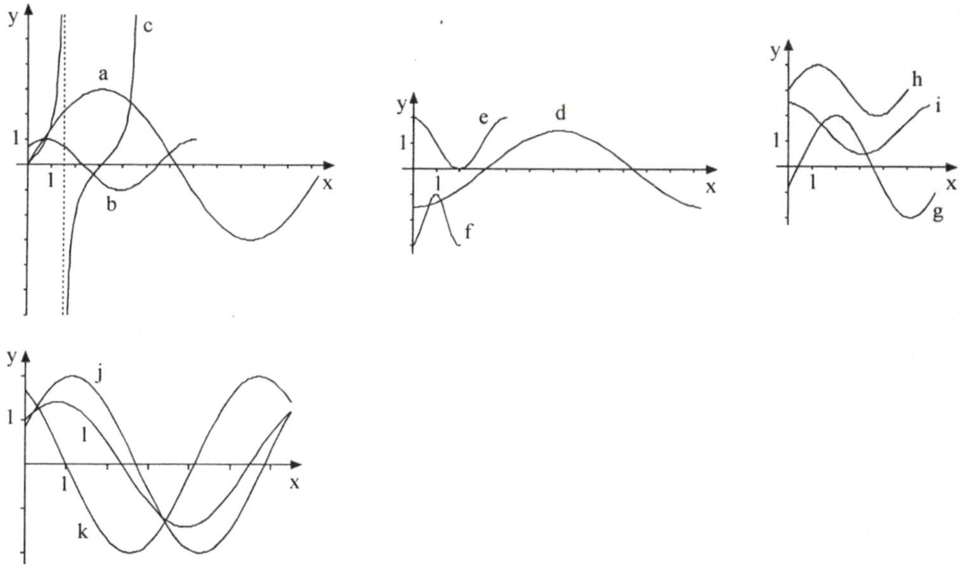

10. a) Streckung um 2,5
    b) Verschiebung um $-\frac{\pi}{2}$ in x-Richtung, dann Verschiebung um –1 in y-Richtung
    c) Verschiebung um $-\pi$ in x-Richtung
    d) Verschiebung um $-\frac{\pi}{2}$ in x-Richtung, dann Halbierung der Periode
    e) Streckung mit dem Faktor 2, anschließende Spiegelung an der x-Achse
    f) Verschiebung um –3 in x-Richtung, Halbierung der Periode

11.

			Streckfaktor	x-Verschiebung	y-Verschiebung	Periode
A	→	5.	4	$-\pi$	keine	2π
B	→	3.	2	keine	keine	4π
C	→	6.	4	keine	keine	4π
D	→	4.	3	-2π	1	2π
E	→	7.	2	keine	keine	4π
F	→	9.	4	keine	2	4π
G	→	2.	4	$0{,}5\pi$	keine	2π
H	→	1.	–4	π	keine	2π
I	→	8.	4	keine	keine	π

12. a) $f((x) = \cos(\frac{\pi}{2}x)$ b) $f((x) = \sin(\frac{\pi}{2}(x+1))$

13. a) $x \approx 0{,}927 + 2k\pi$, $x \approx 2{,}214 + 2k\pi$ 180

b) $x \approx -0{,}047 + 2k\pi$, $x \approx 2{,}047 + 2k\pi$

c) $x \approx -0{,}135 + k\pi$, $x \approx 0{,}706 + k\pi$

14. a) $x \approx 0{,}927$, $x \approx 2{,}214$

b) $x \approx -0{,}047$, $x \approx 2{,}047$

c) $x \approx -0{,}135$, $x \approx 3{,}007$, $x \approx 0{,}706$, $x \approx 3{,}848$

Test

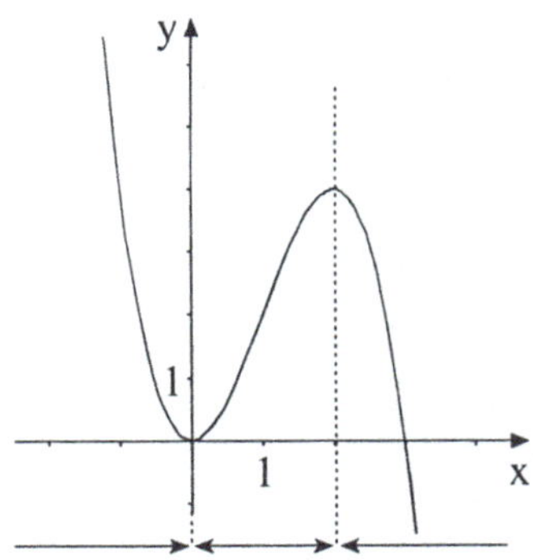

1. f ist streng monoton steigend für $0 < x < 2$. 184
   f ist streng monoton fallend für $x < 0$ und $x > 2$.
2. Notwendiges Kriterium für ein Extremum von f:

   $f'(x) = 0$

3. a) $f'(x_H) = 0$ und $f'(x) > 0$ für $x < x_H$, $f'(x) < 0$ für $x > x_H$
   b) $f'(x_T) = 0$ und $f'(x) < 0$ für $x < x_T$, $f'(x) > 0$ für $x > x_T$

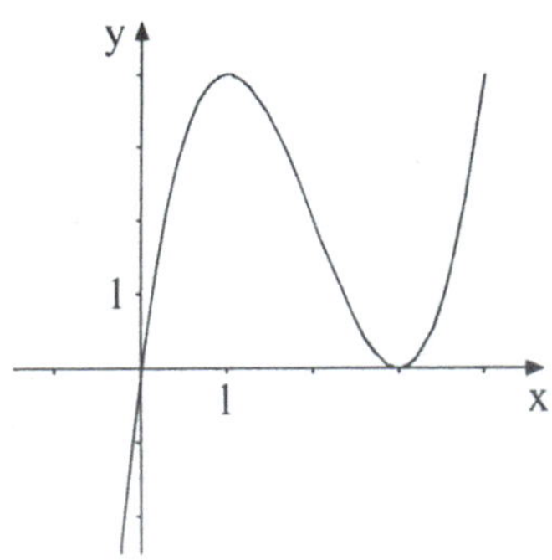

4. Nullstellen: $x = 0$, $x = 3$
   keine Standardsymmetrien
   Extrema: Mi(3 | 0), Ma(1 | 4)

184 5. $g(x) = 4\sin(2(x+3)) - 5$
Der Graph von $f(x) = \sin x$ wird mit dem Faktor 4 in y-Richtung gestreckt.
Dann Verschiebung um −3 in x-Richtung mit anschließender Halbierung der Periode.
Dann noch eine Verschiebung um −5 in y-Richtung.

6. a)

t	5	10	15	20
D(t)	200	400	550	500

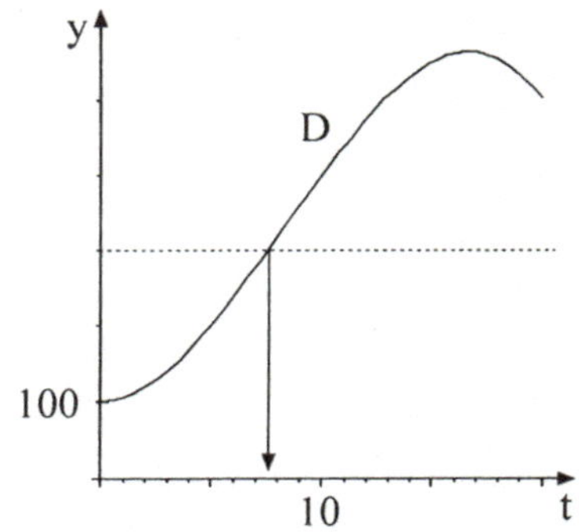

c) $D'(t) = -\frac{3}{5}t^2 + 10t$
$D'(t) = 0$ für $t = 16{,}67$ (und $t = 0$)
$D(16{,}67) = 563$
Nach knapp 17 Minuten ist die Durchflussmenge am größten.

d) Dies gilt im Maximum von D':
$D''(t) = -\frac{6}{5}t + 10$, $D''(t) = 0$ für $t = 8{,}33$
$D(8{,}33) = 331{,}34$
Nach ca. 8 Minuten ändert sie sich am stärksten. Der Durchfluss beträgt dann ca. 331.

e) Ansatz $300 = -\frac{1}{5}t^3 + 5t^2 + 100$ führt auf $t^3 - 25t^2 + 1000 = 0 = f(t)$
Intrevallhalbierungsverfahren: $f(5) > 0$, $f(10) < 0$, $f(7{,}5) > 0$, $f(7{,}6) < 0$
$f(7{,}55) > 0$, $f(7{,}57) > 0$, $f(7{,}58) < 0$, $f(7{,}575) > 0$
Bei $t = 7{,}57$ wird Alarm gegeben.

7. a) $f(x) = 3 \cdot \cos(\frac{x}{2})$

b) $3 \cdot \cos(\frac{x}{2}) = 1 \quad \Leftrightarrow \quad \cos(\frac{x}{2}) = \frac{1}{3} \quad \Rightarrow \quad \frac{x}{2} \approx 1{,}23096 \quad \Rightarrow \quad x \approx 2{,}4619$

c) Für $x > 18$ gilt: $g(x) > 3$; für $x < -18$ gilt: $g(x) < -3$.
Anhand einer Skizze erkennt man, dass für $0 < x < 18$ f und g 3 Schnittpunkte und für $-18 < x < 0$ 2 Schnittpunkte besitzen. Resultat: Es gibt 5 Schnittpunkte.

8. a) Taschenrechner: $x \approx 1{,}0472$

b) $2x = z$, $\sin z = -0{,}8$, $z \approx -0{,}9273$, $z' \approx 4{,}0689$
$2x \approx -0{,}9273 + 2k\pi$, $2x' \approx 4{,}0689$
$x \approx -0{,}4637 + k\pi$, $x' \approx 2{,}0344 + k\pi$
$x_1 \approx 2{,}6779$, $x_2 \approx 2{,}0344$

VI. Stochastik
1. Grundbegriffe der Wahrscheinlichkeitsrechnung

1. Individuelle Aufgabenstellung 186
Man kann berechnen, dass bei 36 Spielen im Durchschnitt 15-mal Hans und 14-mal Peter einen Punkt erhält. 7-mal erhält keiner einen Punkt.
Das Spiel ist also fast fair mit leichtem Vorteil für Hans.

2. a) Der Ausgang des Experimentes ist nicht vorhersagbar. 187
b) $\Omega = \{0;1;2;...;8;9\}$ c) $E = \{0;2;4;6;8\}$
d) E_1: ungerade Ziffer; E_2: Vielfaches von 3; E_3: Primzahl

3. $P("1") = \frac{5}{9}$, $P("2") = \frac{3}{9}$, $P("3") = \frac{1}{9}$ 192
Erwartete Auszahlung pro Spiel:
$0€ \cdot \frac{5}{9} + 2€ \cdot \frac{3}{9} + 5€ \cdot \frac{1}{9} = 1{,}22€ > 1€$ Einsatz $\Rightarrow$ Man gewinnt durchschnittlich 0,22 € pro Spiel. Das Spiel lohnt sich daher auf lange Sicht für den Spieler.

4. $\Omega = \{(1,1);(1,2);(1,3);(1,4);(1,5);(1,6);(2,1);...;(5,6);(6,6)\}$, $|\Omega| = 36$ 193
$G = \{(4,6);(5,5);(5,6);(6,4);(6,5);(6,6)\}$, $P(G) = \frac{1}{6}$
Im Mittel gewinnt man 1 von 6 Spielen, das bedeutet 3 Euro Auszahlung bei 6 Euro Einsatz und einen durchschnittlicher Verlust von 0,5 Euro pro Spiel.
Bei einem Einsatz von 0,5 Euro wäre das Spiel fair.

5. Von den 27 neuen Würfeln hat nur der in der Mitte liegende Würfel keine rote Fläche. Eine rote Fläche haben die 6 in der Mitte jeder Würfelseite liegenden neuen Würfel.
Zwei rote Flächen haben die 12 in der Mitte jeder Würfelkante liegenden neuen Würfel.
Drei rote Flächen haben die 8 Eckwürfel.
$P(E_1) = \frac{1}{27}$, $P(E_2) = \frac{12}{27}$, $P(E_3) = \frac{20}{27}$, $P(E_4) = \frac{19}{27}$

6. $\{(4,5);(4,6);(5,4);(5,5);(5,6);(6,4);(6,5);(6,6)\}$
$P(\text{Produkt} > 18) = \frac{8}{36} = \frac{2}{9}$

7. Der zu erwartende Spielgewinn ist:
$P(3) \cdot 1€ + P(2) \cdot 0{,}5€ + P(1) \cdot 0€ = \frac{1}{6} \cdot 1€ + \frac{2}{6} \cdot 0{,}5€ + \frac{3}{6} \cdot 0€ = \frac{1}{3}€.$
Der Einsatz muss höher als $\frac{1}{3}$ Euro sein, also mindestens 0,34 Euro betragen, damit der Automat die besseren Chancen hat.

193 8. Ω: Wir betrachten alle Tripel, der Gestalt (x, y, z), mit paarweise verschiedenen x, y, z aus $\{B_1, B_2, R_1, R_2, R_3\}$. Für x gibt es 5 Möglichkeiten, für y 4 davon verschiede Möglichkeiten und für z sind es 3 verbleibende Möglichkeiten.

Also gibt es insgesamt $5 \cdot 4 \cdot 5 = 60$ Tripel (x, y, z), d.h. $|\Omega| = 60$.

E_1: E_1 besteht aus Tripeln mit 2 blauen und 1 roten Kugel.
Diese haben die Gestalt: (b, b, r) : 6 Möglichkeiten oder
(b, r, b) : 6 Möglichkeiten oder
(r, b, b) : 6 Möglichkeiten

Insgesamt sind es 18 Tripel, $|E_1| = 18$. Daher $P(E_1) = \frac{18}{60} = 0{,}3$.

E_2: E_2 besteht aus Tripeln mit 3 roten Kugel.
Diese haben die Gestalt: (r, r, r) : 6 Möglichkeiten, d aher $P(E_2) = \frac{6}{60} = 0{,}10$.

E_3: E_3 besteht aus Tripeln der Gestalt: (r, r, r) : 6 Möglichkeiten oder
(r, r, b) : 12 Möglichkeiten oder
(r, b, r) : 12 Möglichkeiten oder
(b, r, r) : 12 Möglichkeiten

Insgesamt sind es 42 Möglichkeiten. Daher $P(E_3) = \frac{42}{60} = 0{,}70$.

9. a) $P(2) = \frac{6}{36}$, $P(3) = \frac{7}{36}$, $P(4) = \frac{13}{36}$, $P(5) = \frac{7}{36}$, $P(6) = \frac{3}{36}$, also Summe 4

b) $P(\text{Summe} < 5) = P(2) + P(3) + P(4) = \frac{6}{36} + \frac{7}{36} + \frac{13}{36} = \frac{26}{36} = \frac{13}{18}$

c) $P(\text{Pasch}) = P(1+1) + P(2+2) + P(3+3) = \frac{6}{36} + \frac{2}{36} + \frac{3}{36} = \frac{11}{36}$

Streifzüge Simulationen

194 1. a) individuelles Ergebnis

b) Der Tabelle auf S. 198 entnehmen wir:

6+4, 5+5, 2+4, 2+3, 3+4, 3+5, 2+4, 6+4, 5+1, 6+5, ...

und erhalten

$P(2) = 0{,}01$; $P(3) = 0{,}05$; $P(4) = 0{,}1$; $P(5) = 0{,}06$; $P(6) = 0{,}18$; $P(7) = 0{,}15$; $P(8) = 0{,}07$

$P(9) = 0{,}13$; $P(10) = 0{,}17$; $P(11) = 0{,}04$; $P(12) = 0{,}04$

195 2. Wir simulieren die 10 Sekunden mithilfe der Zufallszifferntabelle (S.198). Die Ziffern 1 und 2 stehen für Bewegung nach oben, 3 und 4 nach unten, 5 und 6 nach rechts, 7 und 8 nach links. Die Ziffern 9 und 0 werden gestrichen.
So erhalten wir die Ziffernfolgen 7645524237, 8837743527, 4645165548, 8581676313, 7838642751, 5245412435, 8811566453, 2557754646, 4147561454, 3555123115.
Werden die entsprechenden Bewegungen duchgeführt, so bleibt das Molekül im ersten Fall im roten Bereich, verlässt ihn im 2. und 3, bleibt im 4., verlässt im 5. und 6., bleibt im 7., verlässt im 8. , bleibt im 9. und verlässt im 10. Fall.
D.h.: Mit einer Wahrscheinlichkeit von 40 % bleibt das Molekül im roten Bereich.
Wird die Fragestellung so interpretiert, dass das Molekül nach 10 Sekunden wieder im roten Bereich ist, so beträgt die Wahrscheinlichkeit 50 %, da es im 5. Fall wieder in den Bereich zurückkehrt.

3. a) individuelles Ergebnis 196
   b) Tabelle S. 198
      gerade Zahl: Ablenkung nach rechts ; ungerade Zahl: Ablenkung nach links
      rlr: 2 ; rll: 1 ; rll: 1 ; rrr: 3 ; ...
      das ergibt nach 50 Dreierblöcken 8-mal die 0, 21-mal die 1, 13-mal die 2, 8-mal die 3
      also 0: 16%, 1: 42%, 2: 26%, 3: 16% (noch große Abweichungen)
   c) individuelles Ergebnis

4\. 197

76455242	56145435
37883774	55123115
35274645	16176334
16554885	68514258
81676313	25537543
83864275 durch 11 teilbar	31223371
15245412	12513188
43588115	52153362
66453255 durch 11 teilbar	76767454
54646414	48421345 , 2 von 20, also 10 %

5. Simulationsergebnisse von 20 Personen:
   006, 037, 042, 046, 071, 076, 095, 097, 124, 125, 139, 147, 151, 231, 233, 242, 259, 312, 352, 358, ...
   Bei ca. 10 Simulationen ergibt sich in ca. 4 Simulationen gleichzeitiger Geburtstag.
   Die Wahrscheinlichkeit für dieses Ereignis beträgt daher in einer Gruppe von 20 Personen ca. 40 %.

6. a) Simulationsergebnisse (Anzahl der Spielrunden bis zum Einsetzen):
      1|2|1|3|2|2|2|1|1|5 durchschnittlich 2 Runden
   b) Mit Hilfe der Zufallszifferntabelle:
      6 1. Runde; 455, 242, 334, 352, 46 5. Runde; 451, 6 2. Runde; ...
      durchschnittlich 2,4 Runden

7\.

Simulationsergebnis	1	1	23	331	221	1	214	1	21112	1	34	1	331	23
Ameise fällt zum Opfer	B	B	C	B	B	B	C	B	B	B	C	B	B	C

Simulationsergebnis	221	3322221	32	33313	213214	32
Ameise fällt zum Opfer	B	B	B	C	C	B

Zu 70 % fällt die Ameise dem Bär B und zu 30 % dem Bär C zum Opfer.
rechnerisches Resultat: B zu 62,5 %, C zu 37,5 %

2. Mehrstufige Zufallsversuche/Baumdiagramme

200 1. $P(E_1) = \frac{1}{64} \approx 1{,}56\%$, $P(E_2) = \frac{1}{64} + \frac{27}{64} = \frac{7}{16} = 43{,}75\%$

$P(E_3) = \frac{3}{64} \approx 4{,}69\%$, $P(E_4) = \frac{27}{64} \approx 42{,}\dot{1}9\%$

$P(E_5) = \frac{10}{64} \approx 15{,}63\%$

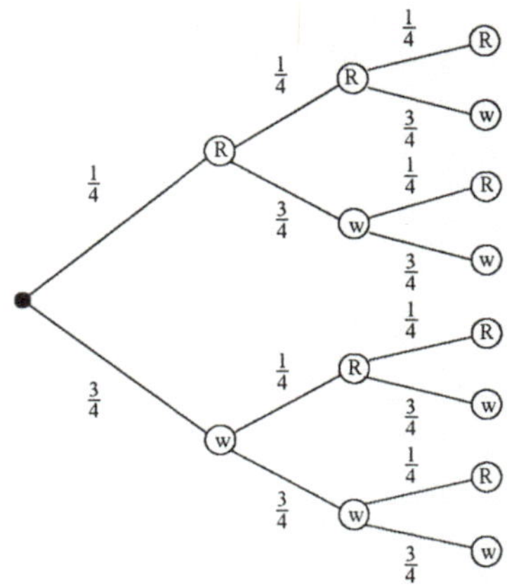

201 2. $P(5\text{Euro}) = \frac{1}{36}$, $P(2\text{Euro}) = \frac{1}{18}$

Durchschnittliche Auszahlung pro Spiel:

$\frac{1}{36} \cdot 5 + \frac{1}{18} \cdot 2 = \frac{9}{36} = 0{,}25 < 0{,}5 \Rightarrow$

Man verliert durchschnittlich 0,25 Euro pro Spiel, so dass sich das Spiel für den Spieler nicht lohnt.

3. a) $P(\text{"unterschiedlich"}) = 6 \cdot \frac{1}{6} \cdot \frac{2}{6} \cdot \frac{3}{6} = \frac{1}{6}$

b) $P(\text{"Summe} > 6\text{"}) = \frac{9+12+18+12+9+12+18+9+18+27}{216} = \frac{144}{216} \approx 66{,}7\%$

c) $P(\text{"}Summe < 6\text{"}) = \frac{1+2+2+2+2}{1296} = \frac{9}{1296} \approx 0{,}7\%$

202 4. $P(\text{"Treffer"}) = 1 - P(\text{"kein Treffer"}) = 1 - (1-p)^2 = 0{,}25 \Rightarrow (1-p)^2 = 0{,}75$

$\Rightarrow \quad p = 1 - \sqrt{0{,}75} \approx 13{,}4\% \quad \Rightarrow \quad$ mindestens 13,4%

5. $P(\text{"Hase überlebt"}) = (1-p)(1-2p)$

$= 2p^2 - 3p + 1 = 0{,}5$

$p^2 - \frac{3}{2}p + \frac{1}{4} = 0$

$p \approx 0{,}191 \quad (\text{bzw. } p \approx 1{,}31 > 1)$

Der Hase überlebt mit mindestens 50 % Wahrschein-lichkeit, wenn die Trefferwahrscheinlichkeit von Peter unter ca. 0,191 liegt.

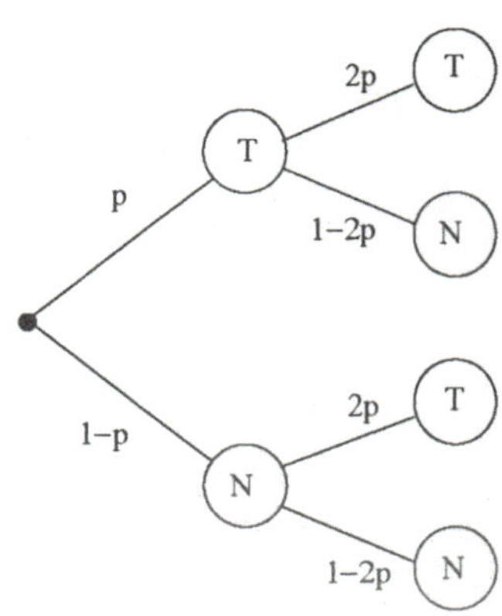

203

6. a) $P(gr,gr,gr) = \frac{3}{12} \cdot \frac{2}{11} \cdot \frac{1}{10} = \frac{6}{1320} = \frac{1}{220} \approx 0{,}0045$

b) $P(3\,\text{gleichf.}) = P(ge,ge,ge) + P(bl,bl,bl) + P(gr,gr,gr)$

$= \frac{4}{12} \cdot \frac{3}{11} \cdot \frac{2}{10} + \frac{5}{12} \cdot \frac{4}{11} \cdot \frac{3}{10} + \frac{3}{12} \cdot \frac{2}{11} \cdot \frac{1}{10} = \frac{24}{1320} + \frac{60}{1320} + \frac{6}{1320} = \frac{9}{132} = \frac{3}{44} \approx 0{,}0682$

c)

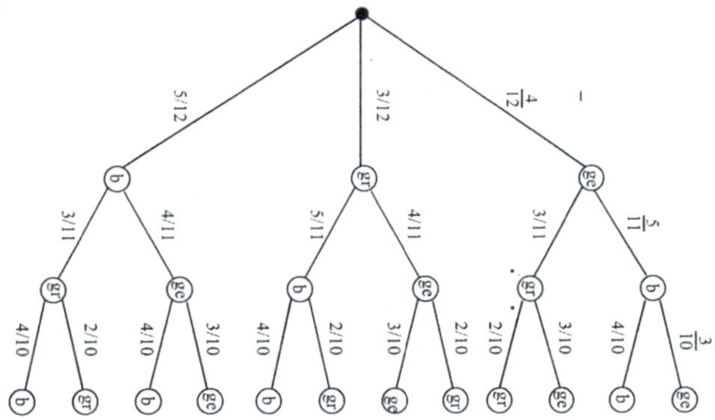

$\frac{5 \cdot 4 \cdot 3}{12 \cdot 11 \cdot 10} = \frac{60}{1320}$

$\frac{5 \cdot 4 \cdot 4}{12 \cdot 11 \cdot 10} = \frac{80}{1320}$

$\frac{4 \cdot 3 \cdot 3}{12 \cdot 11 \cdot 10} = \frac{36}{1320}$

$\frac{4 \cdot 3 \cdot 2}{12 \cdot 11 \cdot 10} = \frac{24}{1320}$

.
.
.
.

$P(\text{genau 2 Farben}) = P(ge,ge,bl) + P(bl,bl,ge) + P(gr,gr,ge) + P(ge,ge,gr)$

$+P(ge,ge,bl) + P(bl,bl,gr) + P(ge,ge,bl)$

$= \frac{4 \cdot 3 \cdot 5}{12 \cdot 11 \cdot 10} \cdot 3 + \frac{5 \cdot 4 \cdot 4}{12 \cdot 11 \cdot 10} \cdot 3 + \frac{3 \cdot 2 \cdot 4}{12 \cdot 11 \cdot 10} \cdot 3 + \frac{4 \cdot 3 \cdot 3}{12 \cdot 11 \cdot 10} \cdot 3 + \frac{5 \cdot 4 \cdot 3}{12 \cdot 11 \cdot 10} \cdot 3 + \frac{3 \cdot 2 \cdot 5}{12 \cdot 11 \cdot 10} \cdot 3$

$= \frac{870}{1320} \approx 0{,}659$

7. $P(\text{min. 1 defekt}) = \frac{2}{5} \cdot \frac{1}{4} + \frac{2}{5} \cdot \frac{3}{4} + \frac{3}{5} \cdot \frac{2}{4} = \frac{14}{20} = 0{,}7$

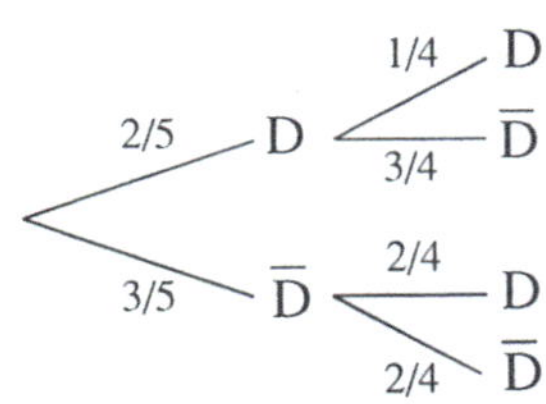

8. a) $P(2\,\text{Kons.}) = \frac{3}{6} \cdot \frac{2}{5} = \frac{6}{30} = \frac{1}{5}$

b) $P(2\,\text{gl. Buchst.}) = \frac{3}{6} \cdot \frac{2}{5} + \frac{2}{6} \cdot \frac{1}{5} = \frac{8}{30} = \frac{4}{15}$

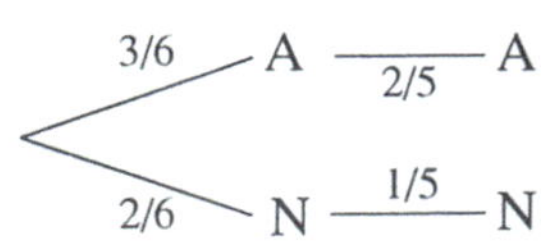

9. a) $P(2\,r) = \frac{1}{3} \cdot \frac{1}{3} = \frac{1}{9}$

b) $P(\text{min. 1 r}) = \frac{1}{9} + \frac{2}{9} + \frac{2}{9} = \frac{5}{9}$

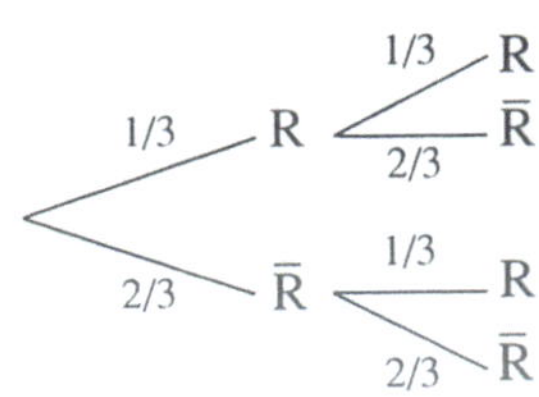

203 10. Wenn man wirft, bis zweimal hintereinander Kopf kommt und man nach vier Würfen fertig sein soll, muss beim 2. Wurf Zahl und im 3. und 4. Wurf Kopf kommen.

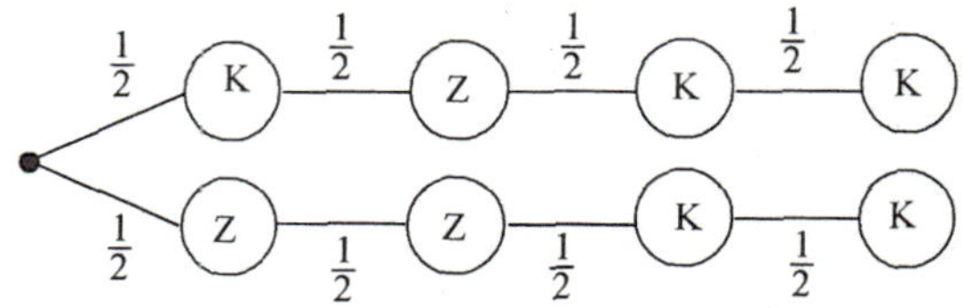

P(2-mal hintereinander Kopf bei exakt 4 Würfen) $= \frac{1}{16} + \frac{1}{16} = \frac{1}{8}$

11. a) $P(\{\text{"OTTO"}\}) = \frac{4}{7} \cdot \frac{3}{7} \cdot \frac{3}{7} \cdot \frac{4}{7} = \frac{144}{2401} \approx 0{,}05998 \approx 6\%$

b) Man muss zweimal ein O und zweimal ein T ziehen.
Für die Reihenfolge gibt es 6 Möglichkeiten:
OTTO, OOTT, TOOT, OTOT, TOTO, TTOO

$P(\{\text{"OOTT"}, \ldots, \text{"TTOO"}\}) = 6 \cdot \frac{144}{2401} \approx 0{,}36 = 36\%$

12. a) $P(\text{alle gleich}) = P(1,1,1) + P(2,2,2) = 2 \cdot \frac{1}{2} \cdot \frac{1}{3} \cdot \frac{1}{4} = \frac{1}{12}$

b) $P(\text{min. 2-mal 1}) = 7 \cdot \frac{1}{2} \cdot \frac{1}{3} \cdot \frac{1}{4} = \frac{7}{24}$

c) $P(\text{genau 2gleiche}) = 14 \cdot \frac{1}{2} \cdot \frac{1}{3} \cdot \frac{1}{4} = \frac{7}{12}$

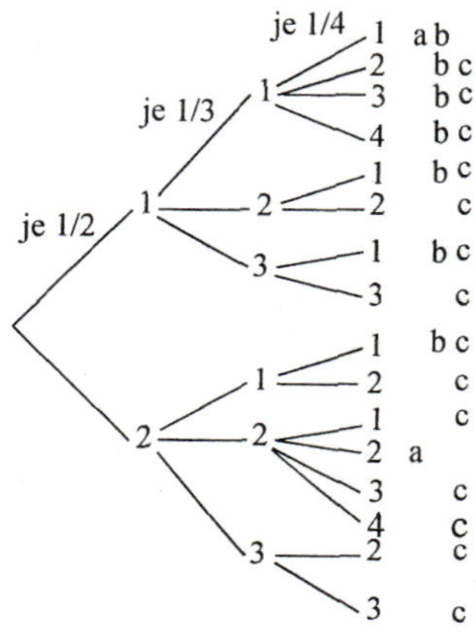

204 13. a) P("schöner Mittwoch")
$= 0{,}64 + 0{,}05 = 0{,}69 = 69\,\%$

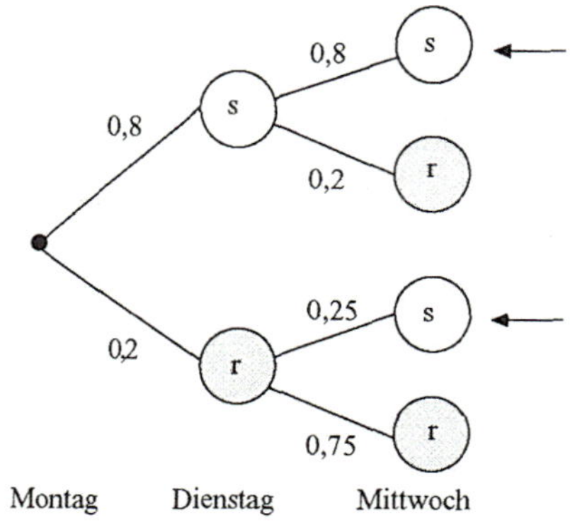

b) P("Freitag regnet es")
$= 0{,}128 + 0{,}12 + 0{,}01 + 0{,}1125$
$= 0{,}3705 = 37{,}05\,\%$

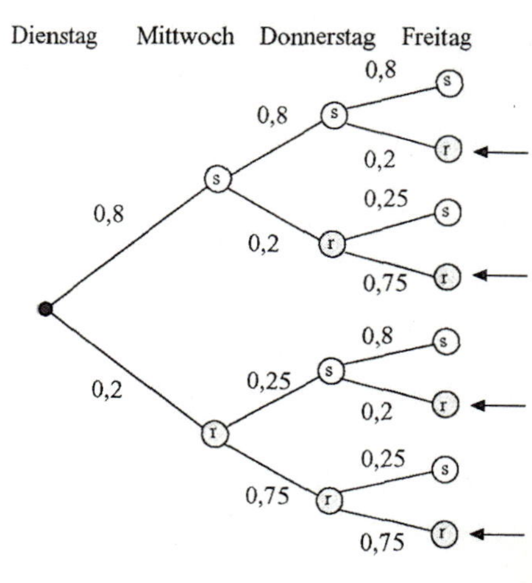

14. Die Gewinnchancen sind für alle Teilnehmer gleich. 204

15.a) $P(w,b) = 2 \cdot \frac{4}{20} \cdot \frac{2}{19} = \frac{8}{95} \approx 0,084$ b) $P(\text{2 gleiche}) = \frac{4 \cdot 3 + 8 \cdot 7 + 2 \cdot 1 + 6 \cdot 5}{20 \cdot 19} = \frac{100}{380} = \frac{5}{19} \approx 0,2632$

c) $P(\text{keine rot}) = \frac{16 \cdot 15}{20 \cdot 19} = \frac{240}{380} \approx 0,6316$

16. a) $P(\text{"7€ Gewinn"}) = \frac{1}{5} \cdot \frac{1}{5} \cdot \frac{3}{5} = \frac{3}{125} = 0,024 = 2,4\%$

$P(\text{"2€ Gewinn"}) = \frac{2}{5} \cdot \frac{1}{5} = \frac{2}{25} = 0,08 = 8\%$

b) Bei 125 Spielen erhält man im Mittel 3-mal 7 Euro und 10-mal 2 Euro also insgesamt 41 Euro bei einem Einsatz von 62,5 Euro.

Verlust: 21,5 Euro bzw. 0,328 Euro pro Spiel.

Bzw.: Wegen $7 \cdot 0,024 + 2 \cdot 0,08 = 0,328 < 0,5$ lohnt sich das Spiel nicht.

17. a) $P(\text{überlebt}) = 0,95 \cdot 0,95 \cdot 0,9 \cdot 0,9 \cdot 0,8 = 0,58482 \approx 58,5\%$

b) $P(\text{mindestens 2-mal}) = 1 - P(\text{höchstens 1-mal})$

$= 1 - (P(\text{kein Treffer}) + P(\text{nur } J_1 \text{ trifft}) + P(\text{nur } J_2 \text{ trifft}) + P(\text{nur } J_3 \text{ trifft}) + P(\text{nur } J_4 \text{ trifft}) + P(\text{nur } J_5 \text{ trifft})$

$= 1 - (0,95 \cdot 0,95 \cdot 0,9 \cdot 0,9 \cdot 0,8 + 0,05 \cdot 0,95 \cdot 0,9 \cdot 0,9 \cdot 0,8 + 0,95 \cdot 0,05 \cdot 0,9 \cdot 0,9 \cdot 0,8$
$+ 0,95 \cdot 0,95 \cdot 0,1 \cdot 0,9 \cdot 0,8 + 0,95 \cdot 0,95 \cdot 0,9 \cdot 0,1 \cdot 0,8 + 0,95 \cdot 0,95 \cdot 0,9 \cdot 0,9 \cdot 0,2)$
$= 0,077455$

18.

kleiner Würfel mit x roten Flächen, x =	0	1	2	3
Würfelanzahl	8	24	24	8

$P(\overline{r}) = \frac{8}{64} + \frac{1}{6} \cdot \frac{24}{64} = \frac{12}{64} = \frac{3}{16} = 0,1875 = 18,75\%$

19. $P(\text{gleiche Farbe}) = \frac{16}{32} \cdot \frac{15}{31} \cdot 2 = \frac{15}{31} \approx 0,4839$ 205

$P(\text{versch. Farben}) = 1 - \frac{15}{31} = \frac{16}{31} \approx 0,5161$

Das Verfahren ist nicht gerecht, Simon ist im Nachteil.

20. a) $P(\text{"Peter gewinnt"}) = \frac{3}{5} = 0,6 = 60\%$ $P(\text{"Paul gewinnt"}) = \frac{2}{5} = 0,4 = 40\%$

b) $P(\text{"Peter gewinnt"}) = \frac{7}{10} = 0,7 = 70\%$ $P(\text{"Paul gewinnt"}) = \frac{3}{10} = 0,3 = 30\%$

21. a) $P(\text{an keinem Tag verpasst}) = 0,9^5 = 0,59049$

b) $P(\text{an 3 Tagen verpasst}) = 10 \cdot 0,1^3 \cdot 0,9^2 = 0,0081$

c) $P(\text{an 3 aufeinanderfolgenden Tagen nicht einmal verpasst}) = 3 \cdot 0,9^3 \cdot 0,1^2 = 0,02187$

205 22. $P(\text{keine 6 bei n Würfen}) = \left(\frac{5}{6}\right)^n$

$P(\text{mindestens eine 6 bei n Würfen}) = 1-(\frac{5}{6})^n$

Bei 90 % Sicherheit muss mindestens 13mal werfen, denn:

$$1-(\tfrac{5}{6})^n \geq 0{,}9 \quad \Leftrightarrow \quad (\tfrac{5}{6})^n \leq 0{,}1 \quad \Leftrightarrow \quad n \cdot \log\tfrac{5}{6} \leq \log 0{,}1$$

$$\Leftrightarrow \quad n \geq \frac{\log 0{,}1}{\log\frac{5}{6}} \quad \Leftrightarrow \quad n \geq 12{,}63 \quad \Leftrightarrow \quad n \geq 13$$

23. Wir betrachten ein bestimmtes Moorhuhn, z.B. Moorhuhn 1. Es überlebt, wenn alle Jäger auf eines der 9 anderen Moorhühner schießen. Die Wahrscheinlichkeit dafür beträgt für jedes Moorhuhn 0,9.

Damit überlebt Moorhuhn 1 mit der Wahrscheinlichkeit $0{,}9^{10} \approx 0{,}3487$.
Von 10 Moorhühner überleben durchschnittlich somit ca. 3,5 Moorhühner.

206 24. a: Pasch, b: Augensumme unter 6, c: eine Zahl durch die andere teilbar

a: $P(\text{Pasch}) = P(1,1)+P(2,2)+P(3,3) = \frac{1}{2}\cdot\frac{1}{3}+\frac{1}{6}\cdot\frac{1}{6}+\frac{1}{6}\cdot\frac{1}{6} = \frac{8}{36}$

b: $P(\text{Summe unter 6}) = P(1,1)+P(1,2)+P(1,3)+P(2,1)+P(2,2)$

$$+P(2,3)+P(3,1)+P(3,2)+P(4,1)$$

$$= \frac{3}{6}\cdot\frac{2}{6}+\frac{3}{6}\cdot\frac{1}{6}+\frac{3}{6}\cdot\frac{1}{6}+\frac{1}{6}\cdot\frac{2}{6}+\frac{1}{6}\cdot\frac{1}{6}+\frac{1}{6}\cdot\frac{1}{6}+\frac{1}{6}\cdot\frac{2}{6}+\frac{1}{6}\cdot\frac{1}{6}+\frac{1}{6}\cdot\frac{2}{6} = \frac{21}{36}$$

$P(\text{Gewinn}) = \frac{8}{36}\cdot\frac{21}{36} = 0{,}1296$

25. Die Chancen für Max und Moritz sollen gleich sein:

$p+(1-p)\cdot p = (1-p)^2$, $\quad p+p-p^2 = 1-2p+p^2$

$2p^2-4p+1=0$, $\quad p^2-2p+0{,}5=0$

$p = 1-\sqrt{0{,}5} \approx 0{,}2929$

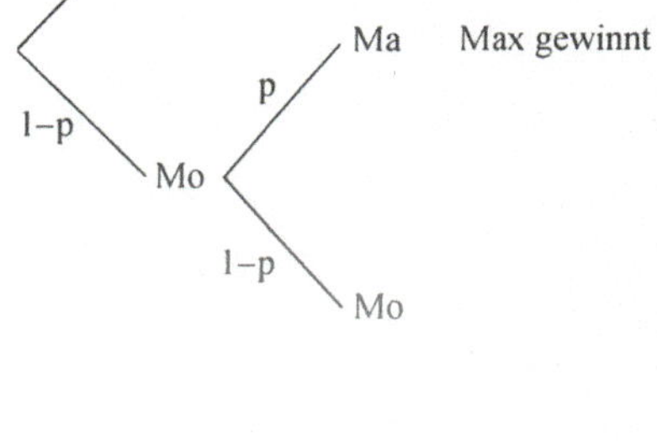

26. a) $P(\text{" weiße Kugel"}) = \frac{1}{3} \cdot \frac{3+4+5}{6} = \frac{2}{3} \approx 66{,}7\%$ 206

b) Aufteilung: Urne 1: 1 weiße Kugel, Urne 2: wie Urne 1
Urne 3: 10 weiße und 6 schwarze Kugeln

$P(\text{" weiße Kugel"}) = \frac{1}{3} \cdot (1 + 1 + \frac{10}{16}) = \frac{42}{48} = 0{,}875 = 87{,}5\%$

27. a) $P(\text{Hans erhält Abreibung}) = \frac{1}{2} + \frac{2}{15} = \frac{19}{30} \approx 0{,}6333$

b) z.B. Peter erhält 4 und Paul 3 Zuckertüten.

Dann gilt: $P(\text{Hans erhält Abreibung}) = \frac{4}{10} + \frac{3}{15} = \frac{18}{30} = 0{,}6$

c) Peter erhält 10 Tüten, davon sind n mit Zucker gefüllt und 10–n mit Brausepulver.
Paul erhält 15 Tüten, davon sind 7–n mit Zucker gefüllt und 18–(10–n) = n + 8 mit Brausepulver.

A: Peter wählt eine Tüte aus und findet Zucker: $P(A) = \frac{n}{10}$ $(0 \leq n \leq 7)$

B: Paul wählt eine Tüte aus und findet Zucker: $P(B) = \frac{7-n}{15}$

$P(\text{Hans erhält Abreibung}) = \frac{n}{10} + \frac{7-n}{15} = \frac{n+14}{30}$

Die Wahrscheinlichkeit ist für n = 0 am kleinsten, ca. 0,4667.
Peter sollte also 10 Tüten mit Brausepulver erhalten, Paul 7 Tüten mit Brausepulver und 8 mit Zucker gefüllt.

3. Kombinatorische Abzählverfahren

208 1. Es gibt 26 Buchstaben und 10 Ziffern. Daher sind $26^3 \cdot 10^2 = 1757600$ Autokennzeichen möglich.

209 2. Anzahl der 5-stelligen Zahlenkodes: $10^5 = 100000$

Anzahl der 5-stelligen Zahlenkodes mit verschiedenen Ziffern: $10 \cdot 9 \cdot 8 \cdot 7 \cdot 6 = 30240$

Anzahl der 5-stelligen Zahlenkodes mit gleichen Ziffern: 10

211 3. a) $\binom{5}{3} = 10$, $\binom{7}{6} = 7$, $\binom{4}{4} = 1$, $\binom{5}{0} = 1$, $\binom{8}{3} = 56$, $\binom{9}{2} = 36$, $\binom{22}{11} = 705432$

$\binom{100}{20} \approx 5{,}359833703 \cdot 10^{20}$

b) $\binom{12}{5} = 792$ c) $\binom{9}{5} + \binom{9}{6} + \binom{9}{7} + \binom{9}{8} + \binom{9}{9} = 126 + 84 + 36 + 9 + 1 = 256$

d) $2^{10} = 1024$ (mit der leeren Menge)

4. a) Da 2 Mannschaften das Endspiel bestreiten, gibt es $\binom{8}{2} = 28$ mögliche Kombinationen.

b) $\binom{5000}{2} = 12497500$ c) $\binom{25}{3} = 2300$

5. a) Es gibt $\binom{32}{4} = 35960$ Möglichkeiten, 4 Karten auszuwählen. Da nur eine dieser Möglichkeiten 4 Asse liefert, gilt: $P(\text{"4 Asse"}) = \frac{1}{35960} \approx 0{,}000028$.

b) Da es genau eine Auswahlvon 5 Buchstaben ohne Konsonaten gibt,nämlich die 5 Vokale, gilt:

$P(\text{"kein Konsonant"}) = P(\text{"nur Vokale"}) = \frac{1}{\binom{26}{5}} = \frac{1}{65780} \approx 0{,}000015.$

212 6. a) $P(3R) = \frac{\binom{6}{3} \cdot \binom{43}{3}}{\binom{49}{6}} = \frac{20 \cdot 12341}{13983816} \approx 0{,}0177$ b) $P(\text{mind. } 5R) = \frac{\binom{6}{5} \cdot \binom{43}{1}}{13983816} + \frac{\binom{6}{6} \cdot \binom{43}{0}}{13983816} \approx 0{,}000019$

7. a) $P(\text{genau 2 defekte Lampen}) = \frac{\binom{6}{3} \cdot \binom{4}{2}}{\binom{10}{5}} = \frac{120}{252} \approx 0{,}4762 = 47{,}62\%$

b) $P(\text{mind. 2 defekte Lampen}) = \frac{\binom{6}{3} \cdot \binom{4}{2} + \binom{6}{2} \cdot \binom{4}{3} + \binom{6}{1} \cdot \binom{4}{4}}{\binom{10}{5}} = \frac{186}{252} \approx 0{,}7381 = 73{,}81\%$

c) $P(\text{höchstens 2 defekte Lampen}) = \frac{\binom{6}{5} \cdot \binom{4}{0} + \binom{6}{4} \cdot \binom{4}{1} + \binom{6}{3} \cdot \binom{4}{2}}{\binom{10}{5}} = \frac{186}{252} \approx 0{,}7381 = 73{,}81\%$

213 8. $P(5R; 1ZZ; 0F) = \frac{\binom{6}{5} \cdot \binom{1}{1} \cdot \binom{42}{0}}{\binom{49}{6}} = \frac{6 \cdot 1 \cdot 1}{13983816} \approx 0{,}00000043 = 0{,}000043\%$

9. $P(A) = \frac{\binom{30}{6} \cdot \binom{15}{3} \cdot \binom{5}{1}}{\binom{50}{10}} \approx 0{,}1315 = 13{,}15\%$, $P(B) = \frac{\binom{30}{5} \cdot \binom{15}{0} \cdot \binom{5}{5}}{\binom{50}{10}} \approx 0{,}0002 = 0{,}02\%$

10. Es gibt $2^8 = 256$ Beleuchtungsmöglichkeiten. 214

11. a) Es gibt $10^3 = 1000$ Zahlenkombinationen.
    b) Es gibt 500 Kombinationen mit höchstens einer ungeraden Ziffer.

12. $26^2 \cdot 10^4 = 6760000$ Möglichkeiten

13. a) $12! = 479001600$ Möglichkeiten
    b) Es gibt 4! Möglichkeiten die Kiminalromane anzuordnen.
    Ebenso gibt es 5! Möglichkeiten der Anordnung der Abenteuerbücher und 3! Möglichkeiten der Anordnung der Mathematikbücher.
    Dann gibt es 3! Möglichkeiten der Anordnung der Themen.
    Insgesamt: $4! \cdot 5! \cdot 3! \cdot 3! = 103680$ Anordnungen.

14. P("Fuzzi kommt durch") = $\frac{6}{7} \cdot \frac{4}{5} \cdot \frac{2}{3} = \frac{48}{105} \approx 45{,}71\%$

15. Möglichkeiten der Anordnung der Buchstaben: $26! \approx 4{,}03 \cdot 10^{26}$
    Zeit bei 10^9 Anordnungen pro Sekunde $\approx 4{,}03 \cdot 10^{17}\,\text{s} \approx 1{,}53 \cdot 10^{11}$ Jahre

16. $11! = 39916800$ Möglichkeiten

17. Mögliche Endspielpaarungen: $\binom{12}{2} = 66$, Mögliche Halbfinalpaarungen: $\binom{12}{4} \cdot 3 = 1485$

18. $\binom{8}{4} \cdot \binom{4}{4} = 70$ Möglichkeiten

19. a) $\binom{16}{3} \cdot \binom{8}{2} = 560 \cdot 28 = 15680$ Möglichkeiten
    b) $\binom{16}{4} \cdot \binom{8}{1} + \binom{16}{3} \cdot \binom{8}{2} + \binom{16}{2} \cdot \binom{8}{3} + \binom{16}{1} \cdot \binom{8}{4} + \binom{16}{0} \cdot \binom{8}{5} = \binom{24}{5} - \binom{16}{5} = 38136$ Möglk.

20. a) $\binom{11}{5} = 462$ Möglichkeiten b) $11 \cdot 10 \cdot 9 \cdot 8 \cdot 7 = 55440$ Möglichkeiten

21. a) $\binom{32}{4} = 35960$ Möglichkeiten b) $\binom{28}{2} \cdot \binom{4}{2} = 378 \cdot 6 = 2268$ Möglichkeiten 215

22. $P(\text{"3r"}) = \frac{\binom{5}{3} \cdot \binom{15}{5}}{\binom{20}{8}} \approx 23{,}84\%$

    $P(\text{"mind. 4r"}) = P(\text{"4r"}) + P(\text{"5r"}) \approx 0{,}0542 + 0{,}0036 = 5{,}78\%$

23. $P(\text{"2d"}) = \frac{\binom{10}{2} \cdot \binom{90}{3}}{\binom{100}{5}} \approx 0{,}0702 = 7{,}02\%$

    $P(\text{"mind. 3d"}) = P(\text{"3d"}) + P(\text{"4d"}) + P(\text{"5d"})$
    $\approx 0{,}0063835 + 0{,}0002510 + 0{,}0000033 \approx 0{,}0066$

215 24. $P(\text{"genau 1 defekt"}) = \dfrac{\binom{10}{1}\cdot\binom{70}{4}}{\binom{80}{5}} \approx 0{,}3814$

$P(\text{"genau 3 defekt"}) = \dfrac{\binom{10}{3}\cdot\binom{70}{2}}{\binom{80}{5}} \approx 0{,}0121$

$P(\text{"höchstens 4 defekt"}) = 1\text{-}P(\text{"alle defekt"}) = 1 - \dfrac{\binom{10}{5}\cdot\binom{70}{0}}{\binom{80}{5}} \approx 0{,}9999895$

$P(\text{"mindestens 1 defekt"}) = 1 - P(\text{"keine defekt"}) = 1 - \dfrac{\binom{10}{0}\cdot\binom{70}{5}}{\binom{80}{5}} \approx 0{,}4965$

25. $P(\text{"3R"}) \approx 0{,}0264$, $P(\text{"4R"}) \approx 0{,}000549$

$G \approx 1€ - 0{,}0264 \cdot 10€ - 0{,}000549 \cdot 1000€ = 0{,}187€$

Durchschnittlicher Gewinn pro Spiel: 0,187 DM

26. $P(\text{"alle Kugeln verschiedenfarbig"}) = \dfrac{\binom{5}{1}\cdot\binom{3}{1}\cdot\binom{6}{1}}{\binom{14}{3}} = \frac{90}{364} \approx 14\%$

$P(\text{"alle Kugeln rot"}) = \dfrac{\binom{5}{3}\cdot\binom{3}{0}\cdot\binom{6}{0}}{\binom{14}{3}} = \frac{10}{364} \approx 2{,}7\%$

$P(\text{"alle Kugeln gleichfarbig"}) = \frac{10}{364} + \frac{1}{364} + \frac{20}{364} = \frac{31}{364} \approx 8{,}5\%$

27. a) $P(2R) = \dfrac{\binom{10}{2}\cdot\binom{40}{3}}{\binom{50}{5}} = \dfrac{45 \cdot 9880}{2118760} \approx 0{,}2098$

b) $P(\geq 3W) = \dfrac{\binom{10}{2}\cdot\binom{40}{3} + \binom{10}{1}\cdot\binom{40}{4} + \binom{10}{0}\cdot\binom{40}{5}}{\binom{50}{5}} = \dfrac{2016508}{2118760} \approx 0{,}9517$

28. $P(\geq 2G) = \dfrac{\binom{4}{2}\cdot\binom{6}{1} + \binom{4}{3}\cdot\binom{6}{0}}{\binom{10}{3}} = \dfrac{6 \cdot 6 + 4}{120} = \dfrac{1}{3}$

29. a) $P(\text{"1HG, 4N"}) = \dfrac{\binom{2}{1}\cdot\binom{70}{4}}{\binom{100}{5}} \approx 0{,}0244$, $P(\text{"kein G"}) = \dfrac{\binom{70}{5}}{\binom{100}{5}} \approx 0{,}1608$

b) $P(\text{"2EG, 3T, 5N"}) = \dfrac{\binom{8}{2}\cdot\binom{20}{3}\cdot\binom{70}{5}}{\binom{100}{10}} \approx 0{,}0223$

$P(\text{"1HG, 2EG, 7N"}) = \dfrac{\binom{2}{1}\cdot\binom{8}{2}\cdot\binom{70}{7}}{\binom{100}{10}} \approx 0{,}0039$

4. Bedingte Wahrscheinlichkeiten / Unabhängigkeit

1. $P(\overline{B}_1 \cap \overline{B}_2) = P(\overline{B}_1) \cdot P_{\overline{B}_1}(\overline{B}_2) = \frac{28}{32} \cdot \frac{27}{28} \approx 0{,}762 = 76{,}2\%$ **217**

2. a) $P_R(R) = \frac{1}{2}$ b) $P_S(R) = \frac{5}{8}$ c) $P(RR) = \frac{5}{9} \cdot \frac{1}{2} = \frac{5}{18}$ **218**

3. T: "Bosserode schießt das 1. Tor" , G: "Bosserode gewinnt das Spiel"
   a) P("Max gewinnt") $= P(T \cap G) = 0{,}42$
   10 Spiele: Max gewinnt $4{,}2 \cdot 50\,€ = 210\,€$
   Moritz gewinnt $5{,}8 \cdot 40\,€ = 232\,€$
   Moritz hat die bessere Gewinnerwartung.
   b) P("Max gewinnt") $= P(\overline{T} \cap \overline{G}) = 0{,}32$
   10 Spiele: Max gewinnt $3{,}2 \cdot 30\,€ = 96\,€$
   Moritz gewinnt $6{,}8 \cdot 10\,€ = 68\,€$
   Max hat die bessere Gewinnerwartung.

4. a) B: Karte im Skat ist ein Bube
   $\overline{B}$: Karte im Skat ist kein Bube

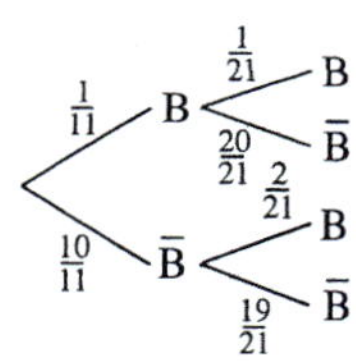

   $P(E) = \frac{1}{11} \cdot \frac{20}{21} + \frac{10}{11} \cdot \frac{2}{21} = \frac{40}{231} \approx 17{,}3\%$

   b₁) $P(E) \approx 17{,}3\%$ b₂) $P(E) = \frac{20}{231} \approx 8{,}7\%$

5. R_i:"i-te Kugel ist rot" , S_i: "i-te Kugel ist schwarz"
   Anzahl: r rote, s schwarze Kugeln zu Beginn in der Urne
   a) $P(R_1 \cap S_2) = \frac{r}{r+s} \cdot \frac{2s}{r+2s} = \frac{2rs}{r^2+3rs+2s^2}$

   $\frac{2rs}{r^2+3rs+2s^2} = \frac{1}{3} \Leftrightarrow 6rs = r^2 + 3rs + 2s^2 \Leftrightarrow r^2 - 3rs + 2s^2 = 0$
   $\Leftrightarrow (r-s)(r-2s) = 0 \Leftrightarrow r = s \text{ oder } r = 2s$

   b) $P(R_1 \cap R_2) = \frac{r^2}{r^2+3rs+2s^2}$

   $\frac{r^2}{r^2+3rs+2s^2} = \frac{1}{10} \Leftrightarrow 10r^2 = r^2 + 3rs + 2s^2 \Leftrightarrow s^2 + \frac{3}{2}rs - \frac{9}{2}r^2 = 0$
   $\Leftrightarrow (\frac{s}{r})^2 + \frac{3}{2} \cdot \frac{s}{r} - 4{,}5 = 0$
   $(\frac{s}{r})_{1/2} = -\frac{3}{4} \pm \sqrt{\frac{9}{16} + \frac{72}{16}}, \quad \frac{s}{r} = -\frac{3}{4} + \frac{9}{4} = \frac{3}{2}$

   Das Verhältnis von schwarzen zu roten Kugeln ist: s:r = 3:2.

218 6. $|\Omega| = 5! = 120$, E_i: "genau i unter den 5 Paaren werden zusammengeführt"

a) $|E_5| = 1$, $P(E_5) = \frac{1}{120}$

b) Gefragt wird nach den fixpunktfreien Permutationen einer Menge von 5 Elementen. Allgemein gilt: Die Anzahl a_n der fixpunktfreien Permutationen von n Elementen ist gleich $a_n = n! \cdot \left(\frac{1}{0!} - \frac{1}{1!} + \frac{1}{2!} + \ldots + \frac{(-1)^n}{n!}\right)$. Also $a_5 = |E_0| = 44$, $P(E_0) = \frac{44}{120}$.

c) $a_4 = 9$, $|E_1| = \binom{5}{1} \cdot 9 = 45$, $P(E_1) = \frac{45}{120}$, $a_3 = 2$, $|E_2| = \binom{5}{2} \cdot 2 = 20$, $P(E_2) = \frac{20}{120}$

$a_2 = 1$, $|E_3| = \binom{5}{3} \cdot 1 = 10$, $P(E_3) = \frac{10}{120}$, $a_1 = 0$, $|E_4| = \binom{5}{4} \cdot 0 = 0$, $P(E_4) = 0$

219 7. Die Wahrscheinlichkeit, dass die zweite Seite ebenfalls rot ist, unter der Bedingung, dass die erste Seite rot war ist 2/3. Man sollte nicht wetten.

8. M_1: "Marzipan in der 1. Praline" , M_2: "Marzipan in der 2. Praline"
$P(M_1 \cap M_2) = \frac{3}{15} \cdot \frac{2}{14} \approx 0{,}0286$.

9. D_1: "1. Sicherung defekt" , D_2: "2. Sicherung defekt"
$P(\overline{D}_1 \cap \overline{D}_2) = \frac{40}{50} \cdot \frac{39}{49} \approx 0{,}6367$

10. R: rote Kugel wird gezogen
S: schwarze Kugel wird gezogen

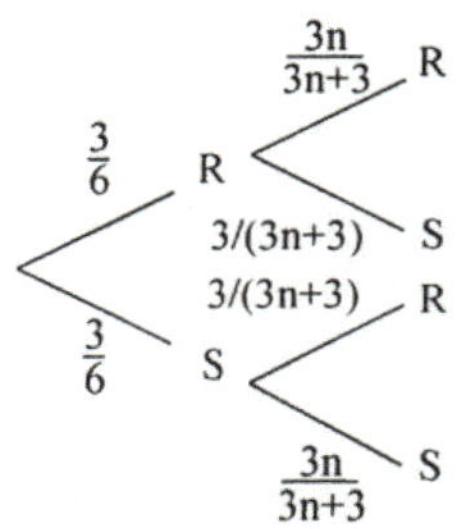

a) $P(2\text{versch.}) = \frac{3}{3n+3} > 0{,}25$, $3 < 0{,}75n + 0{,}75 \iff 3 > n$

b) $P(2\text{gleichf.}) = \frac{3n}{3n+3} > 0{,}9$, $3n > 2{,}7n + 2{,}7 \iff n > 9$

Knobelaufgabe
Die Würfel haben die Augenzahlen 1, 2, 3, 4, 6 und 10.
1. Wurf: 1 + 2 + 3 + 4 + 6 = 16
2. Wurf: 1 + 2 + 3 + 10 = 16
3. Wurf: 2 + 4 + 10 = 16
4. Wurf: 6 + 10 = 16

11. a) mit Zurücklegen: $P(B)=\frac{4}{10}=0{,}4$, $P_A(B)=\frac{4}{10}=0{,}4$: stochastisch unabhängig 220

b) ohne Zurücklegen: $P(B)=\frac{4\cdot 3}{10\cdot 9}+\frac{6\cdot 4}{10\cdot 9}=\frac{36}{90}=0{,}4$, $P_A(B)=\frac{4\cdot 3}{10\cdot 9}=\frac{12}{90}\approx 0{,}133$
stochastisch abhängig

12. Nach dem Multiplikationssatz gilt: $P(A\cap B)=P(B)\cdot P_B(A)$

Nach Gleichsetzen gilt also: $P(B)\cdot P_B(A)=P(A)\cdot P(B)$, $P_B(A)=P(A)$ d.h. stoch. unab.

13. a) $\Omega=\left\{\begin{matrix}(1;1),\ldots,(6;1)\\ . \quad\quad .\\ (1;6),\ldots,(6;6)\end{matrix}\right\}$, $P(A)=\frac{1}{6}$, $P_B(A)=\frac{1}{4}\neq P(A)$, $P(B)=\frac{4}{36}=\frac{1}{9}$, A und B abhängig 221

b) $P(A)=\frac{5}{36}$, $P_B(A)=\frac{1}{6}\neq P(A)$, $P(B)=\frac{6}{36}$
A und B sind abhängige Ereignisse.

c) $P(A)=0{,}4$, $P(B)=0{,}4$, $P_B(A)=0{,}4$
A und B sind unabhängige Ereignisse.

d) $P(B)=0{,}4$, $P(A)=\frac{4}{10}\cdot\frac{3}{9}+\frac{6}{10}\cdot\frac{4}{9}=\frac{36}{90}=0{,}4$, $P_B(A)=\frac{3}{9}$ $\Rightarrow$
A und B sind abhängige Ereignisse.

14. PKW: "Anreise mit dem PKW"
Zug: "Anreise mit dem Zug"
K: "Familie hat mehr als 2 Kinder"
$P(Zug)=\frac{276}{738}\approx 0{,}374$, $P_K(Zug)=\frac{121}{396}\approx 0{,}306$
Offensichtlich ist das Verkehrsmittel von der Kinderzahl abhängig:
Sind mehr als 2 Kinder vorhanden, wird öfter mit dem PKW verreist.

15. a) $P(A)=\frac{1}{6}$, $P(B)=\frac{25}{36}$, $P_A(B)=\frac{5}{6}$: stochastisch abhängig 222

b) $P(A)=\frac{1}{6}$, $P(B)=\frac{1}{2}$, $P_A(B)=\frac{1}{2}$: stochastisch unabhängig

c) $P(A)=\frac{1}{2}$, $P(B)=\frac{1}{6}$, $P_A(B)=\frac{1}{6}$: stochastisch unabhängig

16. $A=\{2,4,6\}$, $B=\{3,6\}$, $P(A)=\frac{1}{2}$, $P(B)=\frac{1}{3}$, $P_A(B)=\frac{P(A\cap B)}{P(A)}=\frac{\frac{1}{6}}{\frac{1}{2}}=\frac{1}{3}$

17. $|A|=10$, $A=\{(1|1),\ldots,(10|10)\}$, $|B|=10$, $B=\{(10|1),\ldots,(10|10)\}$
$|C|=21$, $C=\{(1|1),\ldots,((1|6),(2|1),\ldots,(2|5),(3|1),(3|4),(4|1),\ldots,(6|1)\}$
$|\Omega|=100$, $P(A)=\frac{1}{10}$, $P(B)=\frac{1}{10}$, $P(C)=\frac{21}{100}$
$P_B(A)=\frac{1}{10}=P(A)$ $\Rightarrow$ A, B unabhängig
$P_B(C)=0$ $\Rightarrow$ B, C abhängig
$P_C(A)=\frac{3}{21}$ $\Rightarrow$ A, C abhängig

222 18. $P(M) = \frac{50}{100} = 0{,}5$, $P_H(M) = \frac{30}{50} = 0{,}6$ also stochastisch abhängig

19. $P_V(S) = \frac{P(V \cap S)}{P(V)} = \frac{471}{622} \approx 0{,}757$, $P(S) = 0{,}619$: Die Ereignisse sind abhängig.

20. $P(\text{blond}) = \frac{314}{842} = 0{,}3729$, $P_{\text{blaue Augen}}(\text{blond}) = \frac{121}{268} = 0{,}4515$

$\Rightarrow$ 1. blond / blaue Augen sind abhängige Ereignisse.

$P_{\text{Mädchen}}(\text{blond}) = \frac{116}{310} = 0{,}3742 \Rightarrow$ 2. blond / Mädchen sind unabhängige Ereignisse.

223 21. K: "Person ist krank"
T: "Testergebnis positiv"
$P(T) = 0{,}001 \cdot 0{,}98 + 0{,}999 \cdot 0{,}05 = 0{,}05093 \approx 5{,}1\%$

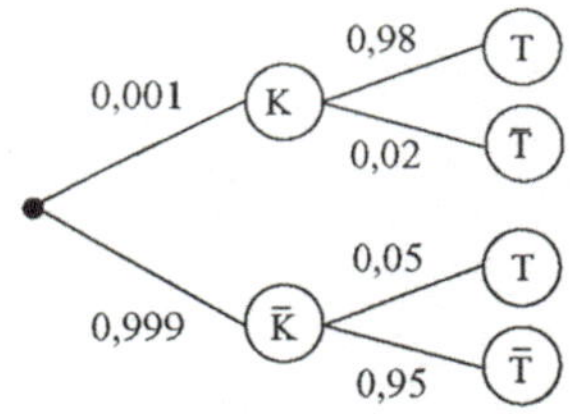

22. W: "Schüler ist weiblich", P(W)=0,44
E: "Stimme für den Kandidaten"
$P(E) = 0{,}44 \cdot 0{,}63 + 0{,}56 \cdot 0{,}41 = 0{,}2772 + 0{,}2296 = 50{,}68\%$

224 23. U_i: Urne i wird gewählt
R: rote Kugel
G: grüne Kugel
$P(R) = \frac{1}{2} \cdot \frac{2}{3} + \frac{1}{2} \cdot \frac{3}{10} = \frac{29}{60}$, $P(G) = \frac{1}{2} \cdot \frac{1}{3} + \frac{1}{2} \cdot \frac{7}{10} = \frac{31}{60}$

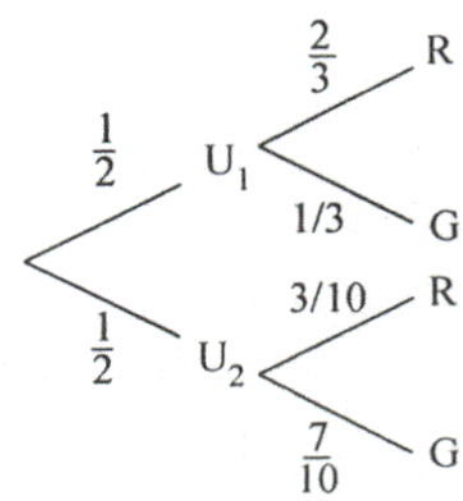

24. Z: "Person ist zuckerkrank"
T: "Test ist positiv"
$P(T) = 0{,}03 \cdot 0{,}96 + 0{,}97 \cdot 0{,}06$
$= 0{,}0288 + 0{,}0582 = 8{,}7\%$

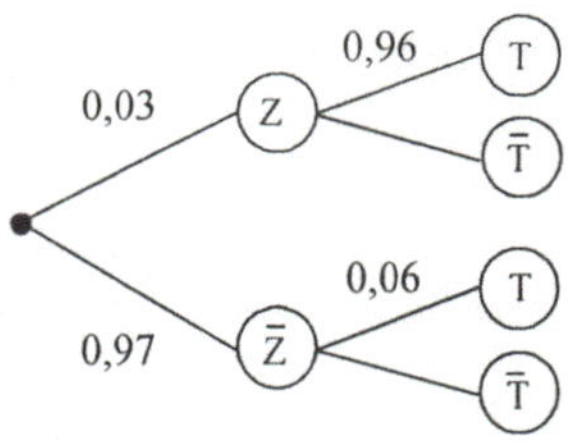

25. In Urne 1: k rote, *l* weiße Kugeln
In Urne 2: 5-k rote, 5−*l* weiße Kugeln
E: "Es wird eine rote Kugel gezogen."
$P(E) = \frac{1}{2} \cdot \frac{k}{k+l} + \frac{1}{2} \cdot \frac{5-k}{10-k-l}$ $(k \cdot l \neq 0)$ (falls keine Urne leer!)
P(E) ist am größten (0,722) für $k = 1$, $l = 0$
$k = 4$, $l = 5$
P(E) ist am kleinsten (0,25) für $k = l = 0$
$k = l = 5$

26. H: "Doc Holliday trifft" 224

B: "Billy The Cid trifft"

a) E_1: "Doc Holliday siegt mit dem 2. Schuss"

$$P(E_1) = 0{,}1 \cdot 0{,}05 \cdot 0{,}9 = 0{,}0045$$

b) E_2: "Billy The Cid siegt mit dem 2. Schuss"

$$P(E_2) = 0{,}1 \cdot 0{,}05 \cdot 0{,}1 \cdot 0{,}95 = 0{,}000475$$

c) E_3: "Doc Holliday siegt spätestens nach fünf Schüssen"

$$P(E_3) = 0{,}9 + 0{,}1 \cdot 0{,}05 \cdot 0{,}9 + 0{,}1 \cdot 0{,}05 \cdot 0{,}1 \cdot 0{,}05 \cdot 0{,}9 = 0{,}9045225$$

d) E_4: "Billy The Cid siegt"

$$\begin{aligned} P(E_4) &= 0{,}1 \cdot 0{,}95 + 0{,}1 \cdot 0{,}05 \cdot 0{,}1 \cdot 0{,}95 + 0{,}1 \cdot (0{,}05 \cdot 0{,}1)^2 \cdot 0{,}95 + \ldots \\ &= 0{,}1 \cdot 0{,}95 \cdot [1 + 0{,}05 \cdot 0{,}1 + (0{,}05 \cdot 0{,}1)^2 + \ldots] \\ &= 0{,}095 \cdot [1 + 0{,}005 + 0{,}005^2 + \ldots] \\ &= 0{,}095 \cdot \frac{1}{1 - 0{,}005} = \frac{95}{995} = 0{,}0955 \end{aligned}$$

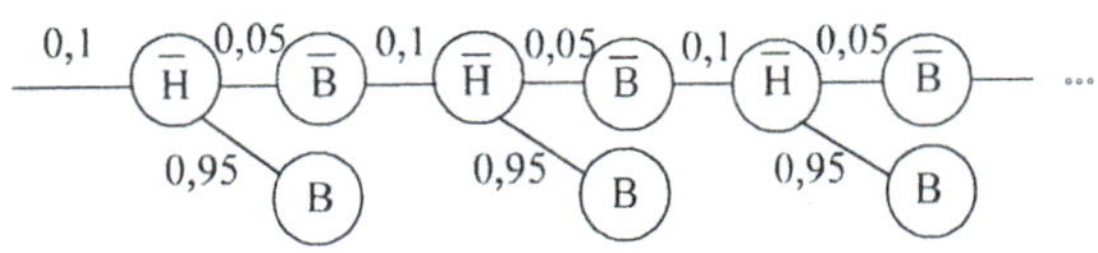

27. Bezeichnungen: S: "Es tritt schönes Wetter ein"

M: "Meteorologe richtig"

F: "Frosch richtig"

Treffsicherheit des Meteorologen:

$$P(M) = 0{,}7 \cdot 0{,}7 + 0{,}3 \cdot 0{,}3 = 58\%$$

Treffsicherheit des Frosches:

$$P(F) = 0{,}7 \cdot 0{,}9 + 0{,}3 \cdot 0{,}6 = 81\%$$

Der Frosch ist besser.

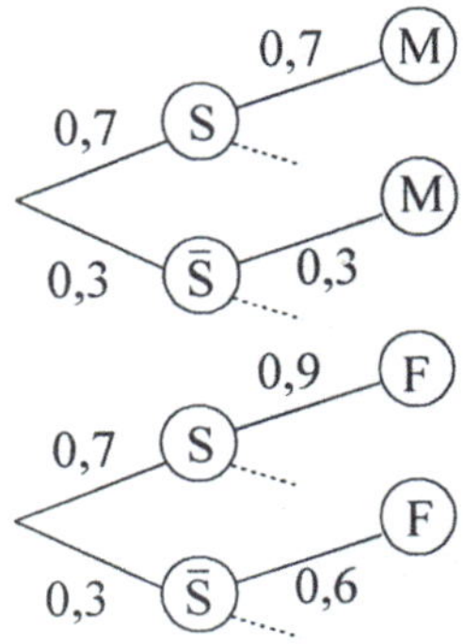

226 28. Die Ereignisse sind wie im Beispiel definiert.

a) Laut Beispiel:

$P(T) = 0{,}020088 \Rightarrow P(\overline{T}) = 0{,}979912$

Bayes: $P_{\overline{T}}(K) = \frac{P(K \cap \overline{T})}{P(\overline{T})} = \frac{P(K) \cdot P_K(\overline{T})}{P(\overline{T})} = \frac{0{,}0001 \cdot 0{,}1}{0{,}979912} = 0{,}000010204$

b) Gegeben: $P(K) = 0{,}05$, $P_K(T) = 0{,}9$, $P_{\overline{K}}(\overline{T}) = 0{,}98$

Gegenwahrscheinlichkeiten: $P(\overline{K}) = 0{,}95$, $P_K(\overline{T}) = 0{,}9$, $P_{\overline{K}}(T) = 0{,}02$

Totale Wahrscheinlichkeit von T: $P(T) = P(K) \cdot P_K(T) + P(\overline{K}) \cdot P_{\overline{K}}(T)$

$= 0{,}05 \cdot 0{,}9 + 0{,}95 \cdot 0{,}02 = 0{,}064$

$\Rightarrow P(\overline{T}) = 0{,}936$

$P_{\overline{T}}(K) = \frac{P(K) \cdot P_K(\overline{T})}{P(\overline{T})} = \frac{0{,}05 \cdot 0{,}1}{0{,}936} = 0{,}00534$

$P_T(\overline{K}) = \frac{P(\overline{K}) \cdot P_{\overline{K}}(T)}{P(T)} = \frac{0{,}95 \cdot 0{,}02}{0{,}046} = 0{,}296875$

c) zur Bemerkung in der Fußnote:

Baumdiagramm

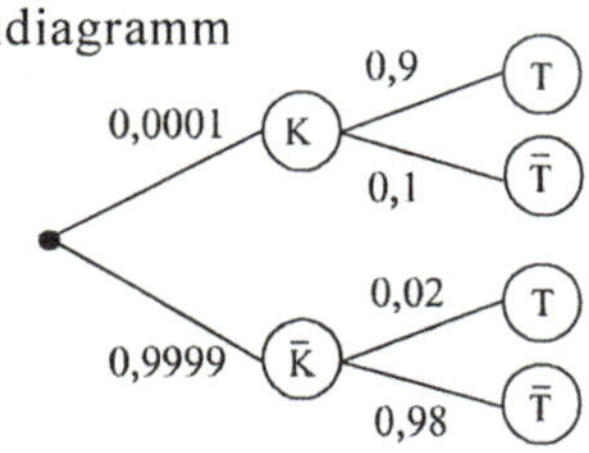

$P(T) = 0{,}0001 \cdot 0{,}9 + 0{,}9999 \cdot 0{,}02$

$= 0{,}20088$

inverses Baumdiagramm

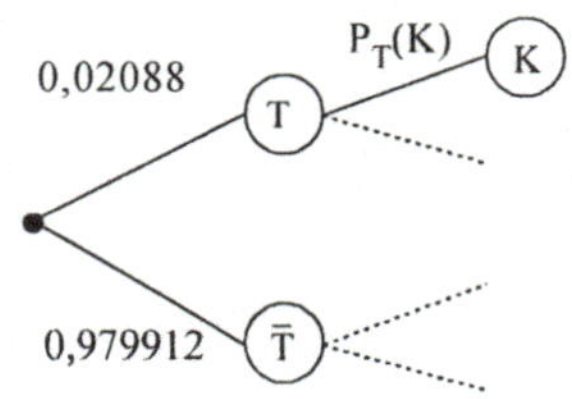

$P_T(K) = \frac{P(T \cap K)}{0{,}020088} = \frac{0{,}00009}{0{,}020088}$

$= 0{,}00448$

227 29. Ereignisse: S: Person ist schuldig

D: Detektortest sagt aus, dass Person schuldig ist

a)

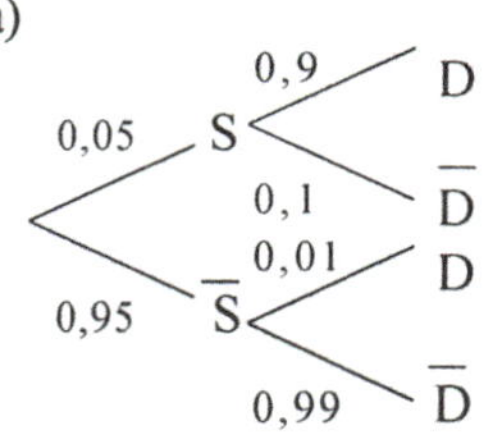

$P(D) = 0{,}05 \cdot 0{,}9 + 0{,}95 \cdot 0{,}01 = 0{,}0545$

$P_D(\overline{S}) = \frac{P(D \cap \overline{S})}{P(D)} = \frac{0{,}0095}{0{,}0545} \approx 0{,}1743$

b) $P_D(\overline{S}) = \frac{P(\overline{S}) \cdot P_{\overline{S}}(D)}{P(D)} = \frac{P(\overline{S}) \cdot P_{\overline{S}}(D)}{P(S) \cdot P_S(D) + P(\overline{S}) \cdot P_{\overline{S}}(D)} = \frac{0{,}95 \cdot 0{,}01}{0{,}05 \cdot 0{,}9 + 0{,}95 \cdot 0{,}01} \approx 17{,}43\,\%$

30. E: "Einbruch findet statt"

A: "Anlage gibt Alarm"

Totale Wahrscheinlichkeit für Alarm: $P(A) = 0{,}001 \cdot 0{,}99 + 0{,}999 \cdot 0{,}01 = 0{,}01098$

$P_A(E) = \frac{0{,}001 \cdot 0{,}99}{0{,}01098} \approx 0{,}090164 \approx 9{,}02\%$

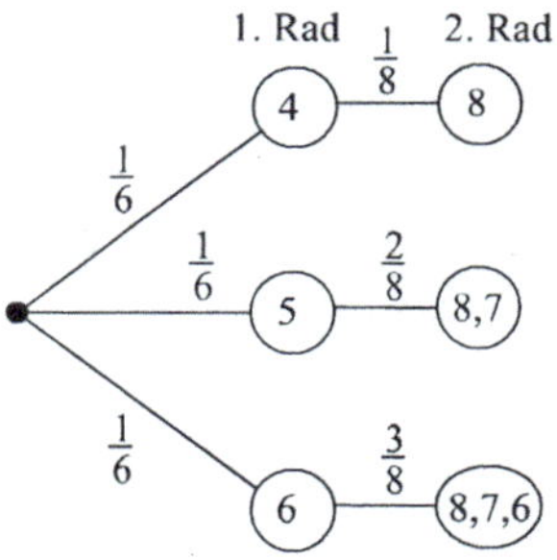

31. Die Ziffer bezeichnet jeweils die Augenzahl des Feldes. 227
Es werden nur die zum Gewinn führenden Pfade gezeichnet.

a) $P(G) = \frac{1}{6}\left(\frac{1}{8} + \frac{2}{8} + \frac{3}{8}\right) = \frac{1}{8}$

b) $P_G(6) = \dfrac{\frac{1}{6}\cdot\frac{3}{8}}{\frac{1}{8}} = \frac{1}{2}$

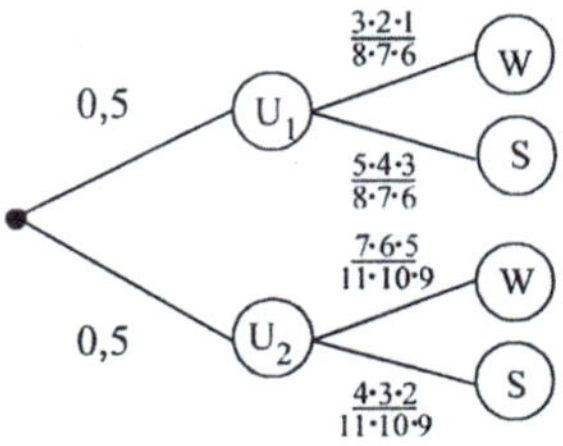

32. U_i: "Urne i wird gewählt"
W (S): "3 weiße (schwarze) Kugeln"
$P(S) = 0{,}1014$
$P(W) = 0{,}114989$
$P_S(U_2) = 0{,}1195$
$P_W(U_2) = 0{,}9224$

33. K: "Person ist erkrankt" , P: "Test fällt positiv aus"

a) $P_P(K) = \dfrac{P(K)\cdot P_K(P)}{P(P)} = \dfrac{\frac{1}{150}\cdot 0{,}97}{\frac{1}{150}\cdot 0{,}97 + \frac{149}{150}\cdot 0{,}05} \approx 0{,}1152 = 11{,}52\%$

b) $P_{\overline{P}}(\overline{K}) = \dfrac{P(\overline{P}\cap\overline{P})}{P(\overline{P})} = \dfrac{\frac{149}{150}\cdot 0{,}95}{\frac{149}{150}\cdot 0{,}95 + \frac{1}{150}\cdot 0{,}03} \approx 0{,}9998 = 99{,}98\%$

c) $P_P(K) = \dfrac{\frac{1}{1500}\cdot 0{,}97}{\frac{1}{1500}\cdot 0{,}97 + \frac{1499}{1500}\cdot 0{,}05} \approx 0{,}013$

34. $P_Z(E) = \dfrac{P(E\cap Z)}{P(Z)} = \dfrac{\frac{9}{10}\cdot 0{,}5}{\frac{9}{10}\cdot 0{,}5 + \frac{1}{10}} = \frac{9}{11} = 0{,}\overline{81}$, $P_{ZZ}(E) = \dfrac{P(E\cap ZZ)}{P(ZZ)} = \dfrac{\frac{9}{10}\cdot 0{,}5^2}{\frac{9}{10}\cdot 0{,}5^2 + \frac{1}{10}} \approx 0{,}69$

$P_{ZZZ}(E) = \dfrac{P(E\cap ZZZ)}{P(ZZZ)} = \dfrac{\frac{9}{10}\cdot 0{,}5^3}{\frac{9}{10}\cdot 0{,}5^3 + \frac{1}{10}} \approx 0{,}5294$, $P_{ZZZK}(E) = 1$

5. Vierfeldertafel

229 1. a) $P_L(A) = \frac{300}{450} = \frac{2}{3} \approx 66,67\%$

b) $P_{\overline{L}}(\overline{A}) = \frac{350}{750} = \frac{7}{15} \approx 46,67\%$

c) $P_A(\overline{L}) = \frac{400}{700} = \frac{4}{7} \approx 57,14\%$, $P_{\overline{A}}(L) = \frac{150}{500} = \frac{3}{10} = 30\%$

d) $P_{\overline{L}}(A) = \frac{400}{750} \approx 53,33\%$

Bei 20 wahrheitsgemäßen Antworten sind das $0,5333 \cdot 20 = 10,67 \approx 11$ Fehler.

$P_L(\overline{A}) = \frac{150}{450} \approx 33,33\%$

Bei 30 Lügen sind das 10 Fehler.
Bei 50 Fragen sind also 21 Fehler zu erwarten.

231 2. a)

	H	$\overline{H}$	
M	50	150	200
P	10	70	80
	60	220	280

b) $P_M(H) = \frac{50}{200} = 25\%$, $P_P(H) = \frac{10}{80} = 12,25\%$

Die Heilwahrscheinlichkeit mit Medikament ist doppelt so groß wie ohne Medikament.

c) $P_H(P) = \frac{10}{60} = \frac{1}{6} \approx 16,67\%$

3. a)

	W	M	
F	6	10	16
$\overline{F}$	12	2	14
	18	12	30

F: sprechen Französisch
$\overline{F}$: sprechen kein Französisch
W: Mädchen
M: Jungen

b) 10 Jungen sprechen Französisch.

c) $P_M(F) = \frac{6}{18} = \frac{1}{3} \approx 33,33\%$

4. a)

	W	$\overline{W}$	
T	30	90	120
$\overline{T}$	70	10	80
	100	100	200

b) $P_T(\overline{W}) = \frac{30}{120} = \frac{1}{4} \approx 25\%$

c) $P_{\overline{W}}(\overline{T}) = \frac{10}{100} = 0,1 = 10\%$

5.

	I	$\overline{I}$	
E	200	800	1000
K	100	80	180
	300	880	1180

I: spielt Instrument
$\overline{I}$: spielt kein Instrument
E: Erwachsener
K: Kind

a) Die Familie besteht aus 1180 Personen.

b) $P_I(\text{Kind}) = \frac{100}{300} = \frac{1}{3} \approx 33,33\%$

231

6.

	FB	$\overline{\text{FB}}$	
M	40	380	420
W	20	560	580
	60	940	1000

M: männlich
W: weiblich
FB: farbenblind
$\overline{\text{FB}}$: nicht farbenblind

a) $P_W(FB) = \frac{20}{580} = \frac{1}{29} \approx 3{,}45\%$ b) $P_{\overline{FB}}(M) = \frac{380}{940} \approx 40{,}43\%$

Test

234 1. a) $N = \binom{15}{11} = \frac{15!}{11!4!} = 1365$ Möglichkeiten für eine 11-er Auswahl aus 15 Schülern.

b) $N = \binom{2}{1} \cdot \binom{5}{3} \cdot \binom{8}{7} = 160$ Möglichkeiten

c) Es gibt noch $9! = 362880$ Möglichkeiten.

2. $P_A(Z) = \frac{64}{108} \approx 59\%$, $P_{\bar{A}}(Z) = \frac{185}{345} \approx 53{,}6\%$

3. A: Bauteil ist defekt, $P(A) = 0{,}2$
K: Bauteil wird in der Kontrolle ausgesondert
H: Bauteil kommt in den Handel, $P(H) = 0{,}81$

gesuchte Wahrscheinlichkeit: $\frac{1}{81} \approx 0{,}012$

	A	$\bar{A}$	
K	$0{,}2 \cdot 0{,}95 = 0{,}19$	0	0,19
$\bar{K}$	$0{,}2 \cdot 0{,}05 = 0{,}01$	0,8	$1 - 0{,}19 = 0{,}81$
	0,2	0,8	1

4. $P_A(W) = \frac{P(A \cap W)}{P(A)} = \frac{359}{738} \approx 0{,}486$, $P(W) = \frac{900}{1850} \approx 0{,}486$

Die Blutgruppe ist also nicht vonm Geschlecht abhängig.

5. $P(R) = 0{,}5 \cdot 0{,}7 + 0{,}5 \cdot 0{,}2 = 0{,}45$
$P(U_1 \cap R) = 0{,}5 \cdot 0{,}7 = 0{,}35$
$P_R(U_1) = \frac{0{,}35}{0{,}45} \approx 0{,}78 = 78\%$

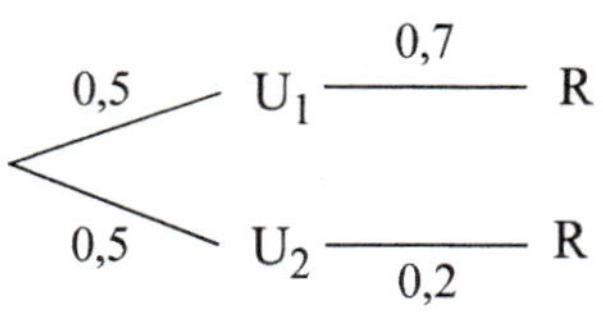

VII. Analytische Geometrie im Raum

1. Punkte im Koordinatensystem

1. a)

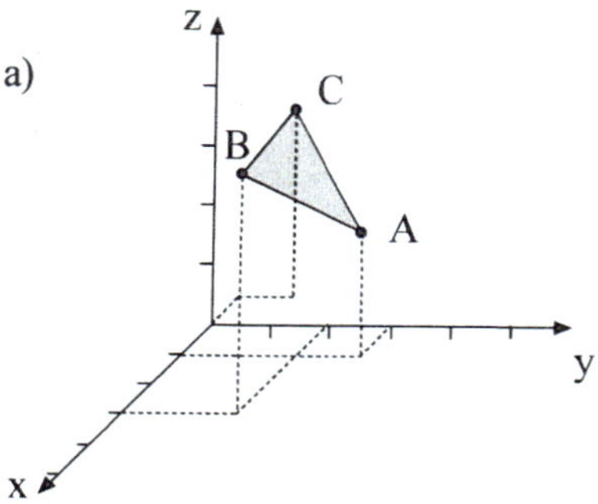

b) $d(A;B) = \sqrt{(3-1)^2 + (2-3)^2 + (4-2)^2} = \sqrt{9} = 3$ 238

$d(A;C) = \sqrt{(-1-1)^2 + (1-3)^2 + (3-2)^2} = \sqrt{9} = 3$

$d(B;C) = \sqrt{16+1+1} = \sqrt{18}$

$\Rightarrow \quad |\overline{AC}| = |\overline{AB}|$

2. a)

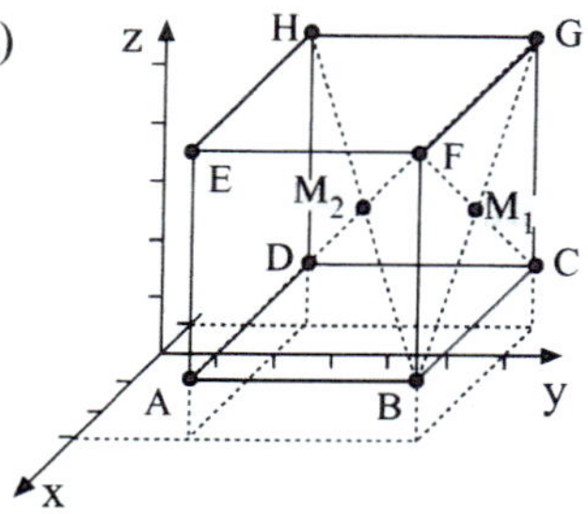

b) $C(-1|6|1), D(-1|2|1), E(3|2|5), F(3|6|5), H(-1|2|5)$

c) $M_1(1|6|3)$

d) $M_2(1|4|3)$

e) $d(A;G) = \sqrt{4^2 + 4^2 + 4^2} = \sqrt{48}$

3. a)

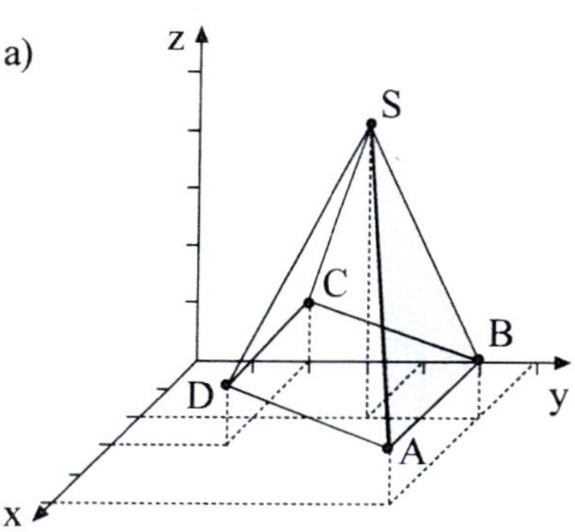

b) $d(A;S) = \sqrt{9+4+16} = \sqrt{29}$

c) $F(2|4|1)$, $d(F;S) = \sqrt{0+0+16} = 4$

4. $d(A;G) = \sqrt{(x-2)^2 + 16 + 64} = 12$

$(x-2)^2 = 64$, $\quad x - 2 = \pm 8$, $\quad x = 10$ und $x = -6$

5. a) $P(3|3|2)$

b) $B'(6|6|0)$

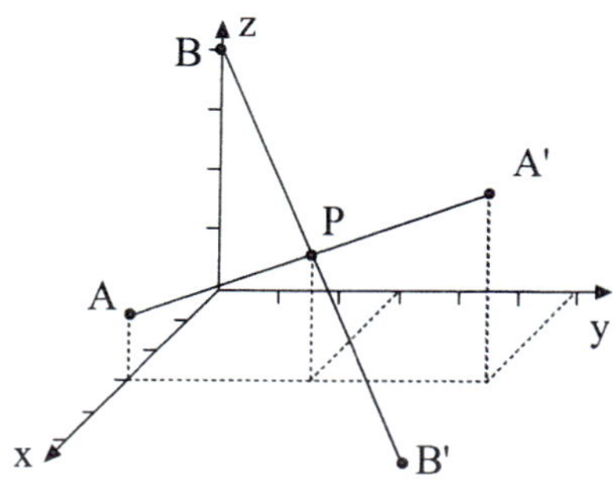

238 6. a) B(0|4|0), C(−10|4|0), D(−10|−4|0), E(0|−4|3), F(0|4|3), H(−10|−4|3), I(0|0|5)

b) $A_D = 2 \cdot d(G;K) \cdot 10 = 20 \cdot \sqrt{16+4} = 20\sqrt{20} \approx 89{,}44$

c) $A_{W_1} = 10 \cdot 3 \cdot 2 = 60$, $A_{W_2} = 2 \cdot (8 \cdot 3 + \frac{1}{2} \cdot 8 \cdot 2) = 64 \Rightarrow A_{ges.} = 124$

d) $V_{Prisma} = G \cdot h = 32 \cdot 10 = 320$

e) $d(A;K) = \sqrt{100+16+25} = \sqrt{141} \approx 11{,}87$

$d(A;G) = \sqrt{64+100+9} = \sqrt{173} \approx 13{,}15$

2. Vektoren

240 1. a) $\overrightarrow{HG}$ b) $\overrightarrow{AD}$ c) $\overrightarrow{AE}$, $\overrightarrow{BF}$, $\overrightarrow{CG}$

d) $\overrightarrow{FE}$ e) $\overrightarrow{AB}$ f) $\overrightarrow{BG}$

2. a) $\begin{pmatrix}6\\0\\0\end{pmatrix}$ b) $\begin{pmatrix}-6\\0\\0\end{pmatrix}$ c) $\begin{pmatrix}0\\0\\3\end{pmatrix}$

d) $\begin{pmatrix}-6\\0\\3\end{pmatrix}$ e) $\begin{pmatrix}-6\\-4\\3\end{pmatrix}$ f) $\begin{pmatrix}-6\\0\\3\end{pmatrix}$

g) $\begin{pmatrix}0\\4\\3\end{pmatrix}$ h) $\begin{pmatrix}0\\4\\0\end{pmatrix}$ i) $\begin{pmatrix}-6\\4\\0\end{pmatrix}$

3. $\vec{a} = \begin{pmatrix}-3\\3\\0\end{pmatrix}$, $\vec{b} = \begin{pmatrix}-3\\3\\-6\end{pmatrix}$, $\vec{c} = \begin{pmatrix}-3\\3\\6\end{pmatrix}$, $\vec{h} = \begin{pmatrix}0\\0\\6\end{pmatrix}$

241 4. a) $\overrightarrow{PQ} = \begin{pmatrix}4\\3\end{pmatrix}$ b) $\overrightarrow{PQ} = \begin{pmatrix}-4\\4\end{pmatrix}$ c) $\overrightarrow{PQ} = \begin{pmatrix}4\\4\\4\end{pmatrix}$

d) $\overrightarrow{PQ} = \begin{pmatrix}6\\6\\-6\end{pmatrix}$ e) $\overrightarrow{PQ} = \begin{pmatrix}-1\\2\\-5\end{pmatrix}$ f) $\overrightarrow{PQ} = \begin{pmatrix}a-1\\-7\\a+1\end{pmatrix}$

5. b) $\overrightarrow{AB} = \begin{pmatrix}4\\4\\0\end{pmatrix}$, $\overrightarrow{AC} = \begin{pmatrix}-2\\7\\0\end{pmatrix}$, $\overrightarrow{AS} = \begin{pmatrix}1\\4\\6\end{pmatrix}$

c) $\overrightarrow{AM} = \begin{pmatrix}2\\2\\0\end{pmatrix}$

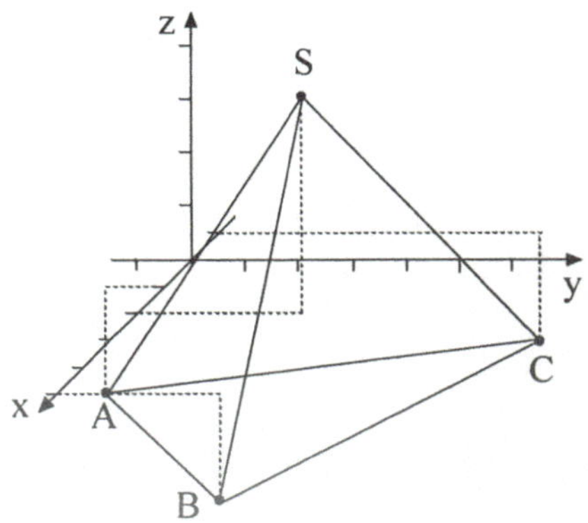

6. a) $\sqrt{1+a^2}$ b) $\sqrt{144+25}=13$ c) $\sqrt{34}\approx 5{,}83$ 242

d) $\sqrt{173}$ e) $\sqrt{196}=14$ f) $\sqrt{9a^2+16a^2}=5a$

7. a) $|\vec{a}|=\sqrt{t^2+4t^2}=\sqrt{5t^2}=1,\quad t=\pm\frac{1}{\sqrt{5}}$

b) $|\vec{a}|=\sqrt{4+t^2}=t+1,\quad 4+t^2=t^2+2t+1,\quad t=1{,}5$

c) $|\vec{a}|=\sqrt{9t^2}=3t=5,\quad t=\frac{5}{3}$

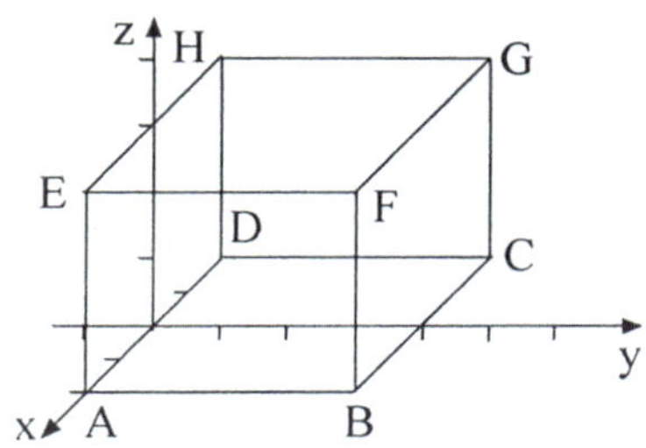

8. A(2|0|0), D(-2|0|0), E(2|0|3), F(2|4|3), G(-2|4|3) 243

$|\overline{BH}|=\sqrt{16+16+9}=\sqrt{41}\approx 6{,}4$

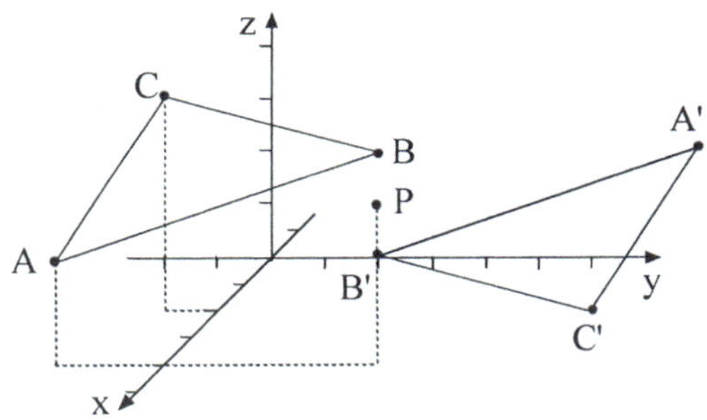

9. $\overrightarrow{AB}=\begin{pmatrix}-4\\4\\0\end{pmatrix},\quad \overrightarrow{AC}=\begin{pmatrix}-2\\1\\2\end{pmatrix},\quad \overrightarrow{BC}=\begin{pmatrix}2\\-3\\2\end{pmatrix}$

$U=\sqrt{32}+\sqrt{9}+\sqrt{17}\approx 12{,}78$

A'(4|10|4), B'(8|6|4), C'(6|9|2)

10. a) $\overrightarrow{AB}=\begin{pmatrix}6\\-2\end{pmatrix}=\overrightarrow{DC},\quad \overrightarrow{AD}=\begin{pmatrix}3\\3\end{pmatrix}=\overrightarrow{BC}\Rightarrow$ Parallelogramm 244

b) $\overrightarrow{AB}=\begin{pmatrix}3\\1\end{pmatrix}=\overrightarrow{DC},\quad \overrightarrow{AD}=\begin{pmatrix}0\\3\end{pmatrix}=\overrightarrow{BC}$, Parall.

c) $\overrightarrow{AB}=\begin{pmatrix}7\\6\\2\end{pmatrix}\neq\begin{pmatrix}7\\3\\2\end{pmatrix}=\overrightarrow{DC}$, kein Parall.

d) $\overrightarrow{AB}=\begin{pmatrix}-4\\7\\2\end{pmatrix}=\overrightarrow{DC},\quad \overrightarrow{AD}=\begin{pmatrix}-5\\-7\\2\end{pmatrix}=\overrightarrow{BC}$, Parall.

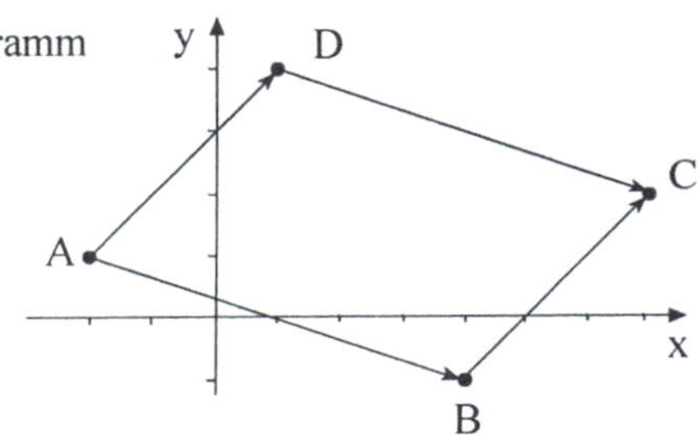

11. $\overrightarrow{AB}=\begin{pmatrix}6\\2\\6\end{pmatrix},\quad \begin{pmatrix}4\\1\\3\end{pmatrix}-\begin{pmatrix}6\\2\\6\end{pmatrix}=\begin{pmatrix}-2\\-1\\-3\end{pmatrix},\quad$ D(−2|−1|−3), $|\overrightarrow{AB}|=\sqrt{76}$

$\overrightarrow{BC}=\begin{pmatrix}-2\\-4\\4\end{pmatrix},\quad |\overrightarrow{BC}|=6\neq|\overrightarrow{AB}|$

Das Viereck ist keine Raute.

12.a) $\overrightarrow{AB}=\overrightarrow{HG}=\overrightarrow{GF},\ \overrightarrow{BJ}=\overrightarrow{DL},\quad \overrightarrow{IB}=\overrightarrow{GD},\quad \overrightarrow{CE}=\overrightarrow{IG}=\overrightarrow{JL},\ \overrightarrow{KL}=\overrightarrow{IH}$ 245

b) $\overrightarrow{JH}$ ist doppelt so lang wie $\overrightarrow{KL}$ und $\overrightarrow{GL}$.

$\overrightarrow{KL}$ und $\overrightarrow{GL}$ sind entgegengesetzt gerichtet.

245 13. a) C(0 | 22) b) B(6 | 24) c) A(−2 | 1)
d) D(3 | 3+b−a) e) B(−1 | 12 | −1) f) C(6 | 0 | 12)
g) C(4 | 11 | 0) h) C(a−1 | 0 | −4+2a)

14. a) $\vec{a} = \begin{pmatrix} 1 \\ 4 \end{pmatrix}$ b) $\vec{a} = \begin{pmatrix} 10 \\ -7 \end{pmatrix}$ c) $\vec{a} = \begin{pmatrix} 2 \\ a+1 \end{pmatrix}$ d) $\vec{a} = \begin{pmatrix} -3 \\ 1 \\ 7 \end{pmatrix}$ e) $\vec{a} = \begin{pmatrix} 3 \\ 3 \\ -10 \end{pmatrix}$

15. a) Q(2 | 4 | −2) b) P(1 | −2 | 3) c) Q(2 | 0 | 1) d) P(2 | −2 | 5) e) Q(3 | −1 | −3)
f) Q(−1 | 2 | −3) g) Q(0 | a+2 | −2) h) P(a+1 | 1 | 3)
i) P(q_1+1 | q_2−2 | q_3+3) j) Q(p_1−1 | p_2+2 | p_3−3)

16. Der Quader hat die Maße $2 \times 4 \times 2$.

$\overrightarrow{AB} = \begin{pmatrix} 0 \\ 4 \\ 0 \end{pmatrix}, |\overrightarrow{AB}| = 4$, $\overrightarrow{AD} = \begin{pmatrix} -2 \\ 0 \\ 0 \end{pmatrix}, |\overrightarrow{AD}| = 2$, $\overrightarrow{AE} = \begin{pmatrix} 0 \\ 0 \\ 2 \end{pmatrix}, |\overrightarrow{AE}| = 2$

$\overrightarrow{AF} = \begin{pmatrix} 0 \\ 4 \\ 2 \end{pmatrix}, |\overrightarrow{AF}| = \sqrt{20}$, $\overrightarrow{AG} = \begin{pmatrix} -2 \\ 4 \\ 2 \end{pmatrix}, |\overrightarrow{AG}| = \sqrt{24}$, $\overrightarrow{AH} = \begin{pmatrix} -2 \\ 0 \\ 2 \end{pmatrix}, |\overrightarrow{AH}| = \sqrt{8}$

$\overrightarrow{BC} = \begin{pmatrix} -2 \\ 0 \\ 0 \end{pmatrix}, |\overrightarrow{BC}| = 2$, $\overrightarrow{BH} = \begin{pmatrix} -2 \\ -4 \\ 2 \end{pmatrix}, |\overrightarrow{BH}| = \sqrt{24}$, $\overrightarrow{CD} = \begin{pmatrix} 0 \\ -4 \\ 0 \end{pmatrix}, |\overrightarrow{CD}| = 4$

$\overrightarrow{CH} = \begin{pmatrix} 0 \\ -4 \\ 2 \end{pmatrix}, |\overrightarrow{CH}| = \sqrt{20}$, $\overrightarrow{DA} = \begin{pmatrix} 2 \\ 0 \\ 0 \end{pmatrix}, |\overrightarrow{DA}| = 2$, $\overrightarrow{DB} = \begin{pmatrix} 2 \\ 4 \\ 0 \end{pmatrix}, |\overrightarrow{DB}| = \sqrt{20}$

$\overrightarrow{DC} = \begin{pmatrix} 0 \\ 4 \\ 0 \end{pmatrix}, |\overrightarrow{DC}| = 4$, $\overrightarrow{EB} = \begin{pmatrix} 0 \\ 4 \\ -2 \end{pmatrix}, |\overrightarrow{EB}| = \sqrt{20}$, $\overrightarrow{EC} = \begin{pmatrix} -2 \\ 4 \\ -2 \end{pmatrix}, |\overrightarrow{EC}| = \sqrt{24}$

$\overrightarrow{ED} = \begin{pmatrix} -2 \\ 0 \\ -2 \end{pmatrix}, |\overrightarrow{ED}| = \sqrt{8}$, $\overrightarrow{EG} = \begin{pmatrix} -2 \\ 4 \\ 0 \end{pmatrix}, |\overrightarrow{EG}| = \sqrt{20}$, $\overrightarrow{FD} = \begin{pmatrix} -2 \\ -4 \\ -2 \end{pmatrix}, |\overrightarrow{FD}| = \sqrt{24}$

$\overrightarrow{FG} = \begin{pmatrix} -2 \\ 0 \\ 0 \end{pmatrix}, |\overrightarrow{FG}| = 2$, $\overrightarrow{FH} = \begin{pmatrix} -2 \\ -4 \\ 0 \end{pmatrix}, |\overrightarrow{FH}| = \sqrt{20}$, $\overrightarrow{HG} = \begin{pmatrix} 0 \\ 4 \\ 0 \end{pmatrix}, |\overrightarrow{HG}| = 4$

17. a) $\left|\begin{pmatrix} 4 \\ 1 \\ 8 \end{pmatrix}\right| = \sqrt{16+1+64} = 9$, $\left|\begin{pmatrix} 32 \\ 8 \\ 1 \end{pmatrix}\right| = \sqrt{1024+64+1} = 33$

$\left|\begin{pmatrix} 2 \\ -6 \\ 5 \end{pmatrix}\right| = \sqrt{4+36+25} = \sqrt{65}$, $\left|\begin{pmatrix} 0 \\ -15 \\ -20 \end{pmatrix}\right| = \sqrt{225+400} = 25$

b) $\left|\begin{pmatrix} 2a \\ 2 \\ 5 \end{pmatrix}\right| = \sqrt{4a^2+4+25} = 15$, $a = \pm 7$

3. Rechnen mit Vektoren

1. a) $\begin{pmatrix}5\\-1\end{pmatrix}$ b) $\begin{pmatrix}5\\-3\\4\end{pmatrix}$ c) $\begin{pmatrix}0\\0\\0\end{pmatrix}$ d) $\begin{pmatrix}4\\0\\2\end{pmatrix}$ e) geht nicht 247

2. $\vec{u}=\begin{pmatrix}0\\3\end{pmatrix}$, $\vec{v}=\begin{pmatrix}-3\\2\end{pmatrix}$, $\vec{w}=\begin{pmatrix}3\\1\end{pmatrix}$

   a) $\begin{pmatrix}-3\\5\end{pmatrix}$ b) $\begin{pmatrix}3\\4\end{pmatrix}$ c) $\begin{pmatrix}0\\3\end{pmatrix}$ d) $\begin{pmatrix}0\\6\end{pmatrix}$ e) $\begin{pmatrix}-3\\5\end{pmatrix}$ f) $\begin{pmatrix}0\\6\end{pmatrix}$ g) $\begin{pmatrix}0\\6\end{pmatrix}$

   Die zeichnerische Konstruktion erfolgt durch Anwendung der Parallelogramm- bzw. der Dreiecksregel.

3. Die Vektoren sind gleich.

4. a) $\begin{pmatrix}3\\-3\\1\end{pmatrix}$ b) $\begin{pmatrix}3\\1\\4\end{pmatrix}$ c) $\begin{pmatrix}1\\9\end{pmatrix}$ d) $\begin{pmatrix}0\\-4\\-4\end{pmatrix}$ e) / 248

   f) $\begin{pmatrix}5\\2\\7\end{pmatrix}$ g) $\begin{pmatrix}1\\-8\\-4\end{pmatrix}$ h) $\begin{pmatrix}-2\\-1\\-3\end{pmatrix}$ i) $\begin{pmatrix}0\\0\\0\end{pmatrix}$

5. a) $\begin{pmatrix}3\\4\end{pmatrix}$ b) $\begin{pmatrix}6\\6\end{pmatrix}$ c) $\begin{pmatrix}3\\2\end{pmatrix}$ d) $\begin{pmatrix}-2\\1\\-1\end{pmatrix}$ e) $\begin{pmatrix}-2\\-2\\6\end{pmatrix}$ f) $\begin{pmatrix}-6,5\\1\\-9\end{pmatrix}$

6. $(r+s)\cdot\begin{pmatrix}a_1\\a_2\\a_3\end{pmatrix}=\begin{pmatrix}(r+s)a_1\\(r+s)a_2\\(r+s)a_3\end{pmatrix}=\begin{pmatrix}ra_1+sa_1\\ra_2+sa_2\\ra_3+sa_3\end{pmatrix}=\begin{pmatrix}ra_1\\ra_2\\ra_3\end{pmatrix}+\begin{pmatrix}sa_1\\sa_2\\sa_3\end{pmatrix}=r\cdot\begin{pmatrix}a_1\\a_2\\a_3\end{pmatrix}+s\begin{pmatrix}a_1\\a_2\\a_3\end{pmatrix}$, Ebene analog 249

7. a) $\begin{pmatrix}6\\3\\17\end{pmatrix}$ b) $\begin{pmatrix}12\\10\\11\end{pmatrix}$ c) $\begin{pmatrix}0\\-2\\0\end{pmatrix}$ 250

8. a) z.B. $\frac{1}{2}\cdot\begin{pmatrix}1\\3\\-3\end{pmatrix}$ b) z.B. $\frac{1}{2}\cdot\begin{pmatrix}7\\2\\5\end{pmatrix}$ c) $\frac{1}{4}\cdot\begin{pmatrix}1\\2\\-8\end{pmatrix}$ d) $0{,}1\cdot\begin{pmatrix}10\\4\\6\end{pmatrix}$ e) $\frac{1}{8}\cdot\begin{pmatrix}4\\-2\\1\end{pmatrix}$

   f) $\frac{1}{4}\cdot\begin{pmatrix}6\\12\\3\end{pmatrix}$

9. a) $-\begin{pmatrix}1\\2\end{pmatrix}+\begin{pmatrix}3\\2\end{pmatrix}=\begin{pmatrix}2\\0\end{pmatrix}$ b) $\begin{pmatrix}0\\3\end{pmatrix}-\begin{pmatrix}4\\0\end{pmatrix}=\begin{pmatrix}-4\\3\end{pmatrix}$ c) $3\begin{pmatrix}1\\2\end{pmatrix}+2\begin{pmatrix}-2\\-2\end{pmatrix}+\begin{pmatrix}0\\3\end{pmatrix}=\begin{pmatrix}-1\\5\end{pmatrix}$

   d) $2(\begin{pmatrix}1\\2\end{pmatrix}+\begin{pmatrix}4\\0\end{pmatrix})-(\begin{pmatrix}1\\2\end{pmatrix}-\begin{pmatrix}-2\\-2\end{pmatrix})-2\begin{pmatrix}4\\0\end{pmatrix}=\begin{pmatrix}-1\\0\end{pmatrix}$

   e) $\begin{pmatrix}-1\\-1\end{pmatrix}+\begin{pmatrix}1\\0\end{pmatrix}-\begin{pmatrix}1\\2\end{pmatrix}=\begin{pmatrix}-1\\-3\end{pmatrix}$

   f) $\begin{pmatrix}1\\2\end{pmatrix}+\begin{pmatrix}4\\0\end{pmatrix}+\begin{pmatrix}-2\\-2\end{pmatrix}-\begin{pmatrix}0\\3\end{pmatrix}+3\begin{pmatrix}-1\\1\end{pmatrix}=\begin{pmatrix}0\\0\end{pmatrix}$

10. a) $2\vec{a}$ b) $5\vec{a}-2\vec{b}$ c) $-4\vec{a}+2\vec{b}+2\vec{c}$ d) $\vec{a}+\vec{b}$

    e) $3\vec{a}+\vec{b}$

    f) $-\vec{a}+6\vec{b}-6\vec{c}$ g) $12\vec{a}+15\vec{b}$ h) $\vec{0}$

250 11. a) keine Lösung   b) keine Lösung   c) $x=6$ d) $x=3$

12. a) $\binom{2}{2}+2\binom{2}{1}=3\binom{2}{0}-2\binom{0}{-2}$, richtig   b) $\binom{2}{2}-\binom{0}{-2}\neq\binom{2}{0}-3\binom{0}{-2}$, falsch

c) $\binom{2}{2}-\binom{2}{1}=-\frac{1}{2}\binom{0}{-2}$, richtig   d) $2\binom{2}{0}-\binom{0}{-2}+\binom{2}{2}\neq\binom{0}{0}$, falsch

e) $\binom{2}{2}+2\binom{2}{0}=2\binom{2}{1}+\binom{2}{0}$, richtig

251 13. $\vec{x}=\binom{-2}{2}+2\binom{1}{2}=\binom{0}{6}$, $\vec{y}=\binom{-2}{2}+\binom{1}{2}-\binom{3}{1}=\binom{-4}{3}$, $\vec{z}=\binom{-2}{2}-\binom{0{,}5}{1}+\binom{6}{2}=\binom{3{,}5}{3}$

252 14. $\vec{x}=\frac{1}{2}\vec{b}+\vec{c}-\frac{1}{2}\vec{a}$

15. $\overrightarrow{AE}=\vec{a}+\vec{c}$, $\overrightarrow{DA}=-\vec{b}-\vec{c}-\vec{a}$, $\overrightarrow{CF}=\vec{a}-\vec{b}-\vec{c}$

16. $\overrightarrow{AS}=\frac{1}{2}(\vec{a}+\vec{b})+\vec{h}$, $\overrightarrow{BS}=\frac{1}{2}(\vec{b}+\vec{a})+\vec{h}$, $\overrightarrow{CS}=-\frac{1}{2}(\vec{a}+\vec{b})+\vec{h}$, $\overrightarrow{DS}=\frac{1}{2}(\vec{a}-\vec{b})+\vec{h}$

253 17. $\vec{c}=2\vec{a}+\vec{b}$, $\vec{d}$ kann nicht dargestellt werden.

254 18 a) $\binom{-6}{-10}=-2\binom{3}{5}$, kollinear   b) $\begin{pmatrix}-12\\3\\8\end{pmatrix}\neq-3\begin{pmatrix}4\\-1\\3\end{pmatrix}$, nicht kollinear

c) $\begin{pmatrix}4\\-2\\8\end{pmatrix}=\frac{2}{3}\begin{pmatrix}6\\-3\\12\end{pmatrix}$, kollinear   d) $\begin{pmatrix}2\\-3\\4\end{pmatrix}\neq\frac{1}{2}\begin{pmatrix}4\\-9\\8\end{pmatrix}$, nicht kollinear

19. $\overrightarrow{AB}=\begin{pmatrix}-3\\6\\3\end{pmatrix}$, $\overrightarrow{CD}=\begin{pmatrix}2\\-4\\-2\end{pmatrix}$, $\overrightarrow{CD}=-\frac{2}{3}\cdot\overrightarrow{AB}$, also kollinear, ein Trapez

255 20. a) $\begin{pmatrix}1\\7\\2\end{pmatrix}=3\begin{pmatrix}1\\2\\1\end{pmatrix}-1\begin{pmatrix}2\\-1\\1\end{pmatrix}$ b) $\begin{pmatrix}1\\0\\1\end{pmatrix}=-\frac{1}{2}\begin{pmatrix}0\\1\\0\end{pmatrix}+\frac{1}{2}\begin{pmatrix}2\\1\\2\end{pmatrix}$

c) nicht komplanar

21. a) Zwei Vektoren liegen stets in einer Ebene. Da der Nullvektor keine Richtung besitzt, liegt er auch in derselben Ebene, also liegen dann alle drei Vektoren in derselben Ebene und sind somit komplanar.
b) Zwei Vektoren liegen stets in einer Ebene.

256 22. a) $\overrightarrow{AS}=\frac{1}{2}(\vec{a}+\vec{b})+\vec{c}$ b) $\overrightarrow{BS}=-\frac{1}{2}\vec{a}+\frac{1}{2}\vec{b}+\vec{c}$

c) $\overrightarrow{SC}=-\vec{c}+\frac{1}{2}(\vec{a}+\vec{b})$ d) $\overrightarrow{BD}=-\vec{a}+\vec{b}$

23. a) $\overrightarrow{AM} = \frac{1}{2}(\vec{a} + \vec{b}) + \vec{c}$ b) $\overrightarrow{BM} = \frac{1}{2}(-\vec{a} + \vec{b}) + \vec{c}$ 256

c) $\overrightarrow{GN} = -(\vec{a} + \vec{b} + \frac{1}{2}\vec{c})$ d) $\overrightarrow{FD} = -\vec{a} + \vec{b} - \vec{c}$, $\overrightarrow{EC} = \vec{a} + \vec{b} - \vec{c}$

24. a) $\overrightarrow{AE} = \vec{a} + \vec{b} + \frac{1}{2}\vec{c}$ b) $\overrightarrow{AF} = 3\vec{a} + \frac{1}{2}(\vec{b} + \vec{c})$

c) $\overrightarrow{HS} = \frac{1}{2}(\vec{a} + \vec{b} + \vec{c})$ d) $\overrightarrow{TG} = -2\vec{a} - \vec{b} + \frac{1}{2}\vec{c}$

25. a) $\vec{c} = -\vec{a} + \vec{b}$, $\vec{d} = -\vec{a}$, $\vec{e} = -\vec{b}$

b) $\overrightarrow{PQ} = 2\vec{b}$

26. a) Der Ansatz $\begin{pmatrix}1\\0\\1\end{pmatrix} = r\begin{pmatrix}0\\1\\1\end{pmatrix} + s\begin{pmatrix}1\\1\\1\end{pmatrix}$ $\begin{matrix}\Rightarrow s=1\\ \Rightarrow r=-1\\ \Rightarrow r=0\end{matrix}$ liefert einen Widerspruch.

b) $\begin{pmatrix}2\\1\\4\end{pmatrix} = 3\begin{pmatrix}1\\0\\1\end{pmatrix} + 2\begin{pmatrix}0\\1\\1\end{pmatrix} - \begin{pmatrix}1\\1\\1\end{pmatrix}$, $\begin{pmatrix}-2\\0\\-3\end{pmatrix} = -3\begin{pmatrix}1\\0\\1\end{pmatrix} - \begin{pmatrix}0\\1\\1\end{pmatrix} + \begin{pmatrix}1\\1\\1\end{pmatrix}$

27. a) $\begin{pmatrix}1\\7\\2\end{pmatrix} = 3\cdot\begin{pmatrix}1\\2\\1\end{pmatrix} - \begin{pmatrix}2\\-1\\1\end{pmatrix}$, also komplanar 258

b) $\begin{pmatrix}1\\0\\1\end{pmatrix} = -0{,}5\cdot\begin{pmatrix}0\\1\\0\end{pmatrix} + 0{,}5\cdot\begin{pmatrix}2\\1\\2\end{pmatrix}$, also komplanar   c) nicht komplanar

28. Die Pferde sind knapp überlegen (ca. 7%). 259

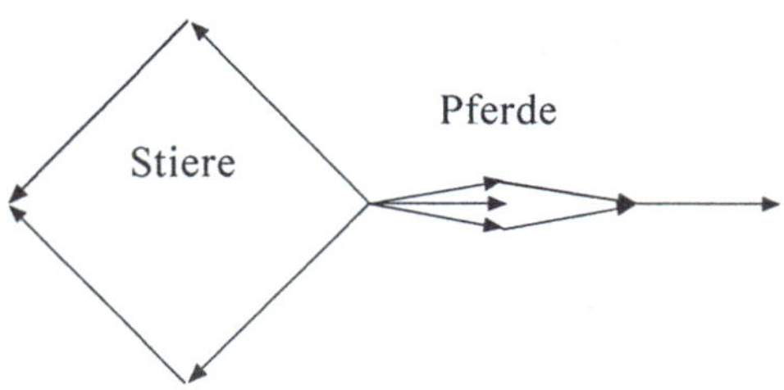

29. 260

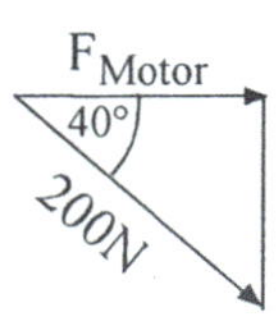

$F_M = 200 \cdot \cos 40° \approx 153{,}2\,N$

261 30. a) $d_1 = \sqrt{9+16} = 5$, $d_2 = \sqrt{4+9+36} = 7$, $d_3 = \sqrt{4+16+16} = 6$

b) $9 = \sqrt{1+(a-1)^2+64}$, $a_1 = 5$, $a_2 = -3$

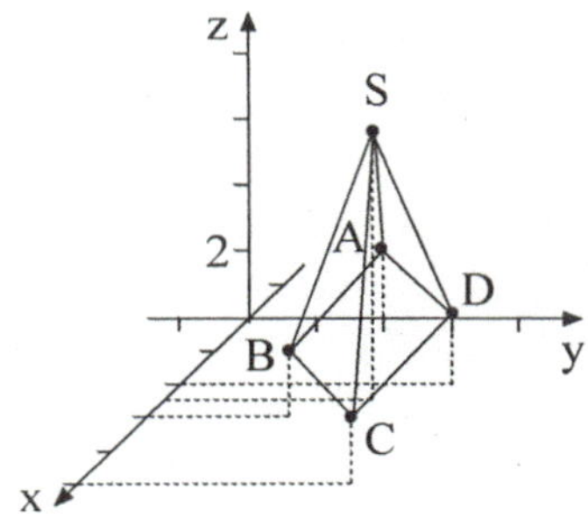

31. a) $F(5|6|2)$, Höhe $h = 6$

b) $\overrightarrow{AB} = \begin{pmatrix}6\\0\\0\end{pmatrix}$, $\overrightarrow{CD} = \begin{pmatrix}-6\\0\\0\end{pmatrix}$, $V = \frac{1}{3}G \cdot h = \frac{1}{3} \cdot 6 \cdot 4 \cdot 6 = 48$

32. Die Quader haben die Größen $4 \times 8 \times 4$ bzw. $2 \times 4 \times 2$.

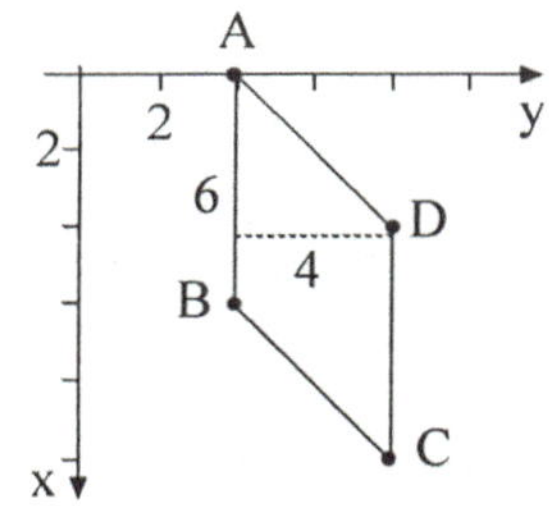

$\overrightarrow{AB} = \begin{pmatrix}0\\8\\0\end{pmatrix}$, $\overrightarrow{AC} = \begin{pmatrix}-4\\8\\0\end{pmatrix}$, $\overrightarrow{BC} = \begin{pmatrix}-4\\0\\0\end{pmatrix}$, $\overrightarrow{CJ} = \begin{pmatrix}2\\4\\0\end{pmatrix}$

$\overrightarrow{IJ} = \begin{pmatrix}0\\4\\0\end{pmatrix}$, $\overrightarrow{AE} = \begin{pmatrix}0\\0\\4\end{pmatrix}$, $\overrightarrow{JM} = \begin{pmatrix}0\\0\\2\end{pmatrix}$, $\overrightarrow{ED} = \begin{pmatrix}-4\\0\\-4\end{pmatrix}$

$\overrightarrow{LM} = \begin{pmatrix}0\\4\\0\end{pmatrix}$, $\overrightarrow{GM} = \begin{pmatrix}2\\4\\-4\end{pmatrix}$, $\overrightarrow{AG} = \begin{pmatrix}-4\\8\\4\end{pmatrix}$, $\overrightarrow{HB} = \begin{pmatrix}4\\8\\-4\end{pmatrix}$

$\overrightarrow{AM} = \begin{pmatrix}-2\\12\\2\end{pmatrix}$, $\overrightarrow{GJ} = \begin{pmatrix}2\\4\\-4\end{pmatrix}$, $\overrightarrow{GI} = \begin{pmatrix}2\\0\\-4\end{pmatrix}$

33. a) $|\vec{a}| = \sqrt{16+16+9} = \sqrt{41} \approx 6{,}40$, $|\vec{b}-\vec{c}| = \left|\begin{pmatrix}-6\\1\\-1\end{pmatrix}\right| = \sqrt{38} \approx 6{,}16$

$|\vec{a}+2\vec{b}| = \left|\begin{pmatrix}4\\6\\11\end{pmatrix}\right| = \sqrt{173} \approx 13{,}15$, $|\vec{b}-2\vec{a}+\vec{c}| = \left|\begin{pmatrix}-2\\-7\\3\end{pmatrix}\right| = \sqrt{62} \approx 7{,}87$

$|\vec{a}+\vec{b}+\vec{c}| = \left|\begin{pmatrix}10\\5\\12\end{pmatrix}\right| = \sqrt{269} \approx 16{,}40$, $|2\vec{a}-\vec{b}-2\vec{c}| = \left|\begin{pmatrix}-4\\7\\-8\end{pmatrix}\right| = \sqrt{129} \approx 11{,}36$

b) $\overrightarrow{PQ} = \begin{pmatrix}3\\8\\14\end{pmatrix}$, $\overrightarrow{RS} = \begin{pmatrix}1\\6-a\\5\end{pmatrix}$, $|\overrightarrow{PQ}-\overrightarrow{RS}| = \left|\begin{pmatrix}2\\a+2\\9\end{pmatrix}\right| = \sqrt{4+a^2+4a+4+81} = 121$

$a^2+4a-32 = 0$, $a_1 = 4$, $a_2 = -8$

34. a) $\overrightarrow{DA} = -\vec{a}$, $\overrightarrow{DB} = -\vec{a}+\vec{b}$, $\overrightarrow{AC} = \vec{b}+\vec{c}$, $\overrightarrow{DC} = -\vec{a}+\vec{b}+\vec{c}$, $\overrightarrow{CB} = -\vec{c}$, $\overrightarrow{BD} = \vec{a}-\vec{b}$

b) $\overrightarrow{AB} = \begin{pmatrix}-2\\4\\2\end{pmatrix}$, $\overrightarrow{BC} = \begin{pmatrix}-2\\-2\\1\end{pmatrix}$, $\overrightarrow{DC} = \begin{pmatrix}-4\\8\\4\end{pmatrix} = 2 \cdot \overrightarrow{AB}$, $\overrightarrow{AD} = \begin{pmatrix}0\\-6\\-1\end{pmatrix}$

$U = \sqrt{24} + \sqrt{9} + \sqrt{96} + \sqrt{37} \approx 23{,}80$, $\overrightarrow{DC} = 2 \cdot \overrightarrow{AB}$ also Trapez

35. b) $\overrightarrow{AC} = \begin{pmatrix} -4 \\ -6 \\ 1 \end{pmatrix}$, $\vec{d_1} = \begin{pmatrix} 2 \\ 8 \\ 5 \end{pmatrix} + \begin{pmatrix} 4 \\ 6 \\ -1 \end{pmatrix} = \begin{pmatrix} 6 \\ 14 \\ 4 \end{pmatrix}$, $D_1(6|14|4)$ a) 261

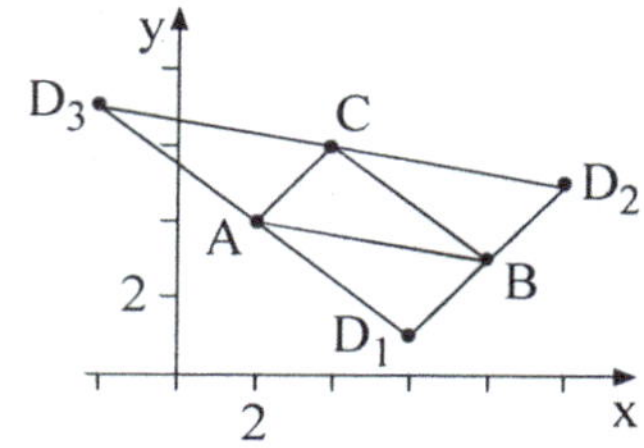

$\vec{d_2} = \begin{pmatrix} 2 \\ 8 \\ 5 \end{pmatrix} + \begin{pmatrix} -4 \\ -6 \\ 1 \end{pmatrix} = \begin{pmatrix} -2 \\ 2 \\ 6 \end{pmatrix}$, $D_2(-2|2|6)$

$\overrightarrow{BC} = \begin{pmatrix} -2 \\ -8 \\ -1 \end{pmatrix}$, $\vec{d_3} = \begin{pmatrix} 4 \\ 6 \\ 3 \end{pmatrix} + \begin{pmatrix} -2 \\ -8 \\ -1 \end{pmatrix} = \begin{pmatrix} 2 \\ -2 \\ 2 \end{pmatrix}$, $D_3(2|-2|2)$

36. a) $\begin{pmatrix} 5 \\ 0 \\ 4 \end{pmatrix} = 2\begin{pmatrix} 2 \\ 0 \\ 1 \end{pmatrix} + \begin{pmatrix} 1 \\ 1 \\ 1 \end{pmatrix} - \begin{pmatrix} 0 \\ 1 \\ -1 \end{pmatrix}$, $\begin{pmatrix} 1 \\ 2 \\ 0 \end{pmatrix} = \begin{pmatrix} 1 \\ 1 \\ 1 \end{pmatrix} + \begin{pmatrix} 0 \\ 1 \\ -1 \end{pmatrix}$, $\begin{pmatrix} 0 \\ 0 \\ 0 \end{pmatrix} = 0\begin{pmatrix} 2 \\ 0 \\ 1 \end{pmatrix} + 0\begin{pmatrix} 1 \\ 1 \\ 1 \end{pmatrix} + 0\begin{pmatrix} 0 \\ 1 \\ -1 \end{pmatrix}$ 262

b) Der Ansatz $\begin{pmatrix} 1 \\ 0 \\ 1 \end{pmatrix} = r\begin{pmatrix} 0 \\ 1 \\ 1 \end{pmatrix} + s\begin{pmatrix} 2 \\ 3 \\ 3 \end{pmatrix} + t\begin{pmatrix} 1 \\ 1 \\ 1 \end{pmatrix}$, $\begin{aligned} 1 &= 2s + t \\ 0 &= r + 3s + t \\ 1 &= r + 3s + t \end{aligned}$

liefert einen Widerspruch,da aus II und III der Widerspruch 1 = 0 folgt.

Der Vektor $\vec{x}$ liegt nicht in der von den 3 komplanaren Vektoren aufgespannten Ebene.

c) Die ersten drei Vektoren sind komplanar, da $\begin{pmatrix} 1 \\ 2 \\ -1 \end{pmatrix} = -2\begin{pmatrix} 1 \\ 0 \\ 3 \end{pmatrix} + 1\begin{pmatrix} 3 \\ 2 \\ 5 \end{pmatrix}$ gilt.

Die nächsten drei Vektoren sind nicht komplanar.

37. Der Wind wirkt mit einer Kraft von ca. 1340N.
Die Kraft im Halteseil beträgt ca. 5176N.
Rechnerisch: $F_{Wind} = 5000 \cdot \tan 15° \approx 1340$ N

$F_{Seil} = \frac{5000}{\cos 15°} \approx 5176$ N

Zeichnerisch: s. rechts

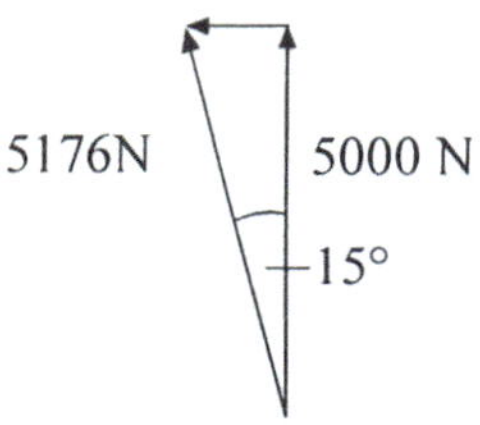

38. Die Kraft in den Schnüren beträgt ca. 144 N.

Rechnerisch: $F_{Schnur} = \frac{25}{\sin 10°} \approx 144$ N

Zeichnerisch: s. rechts

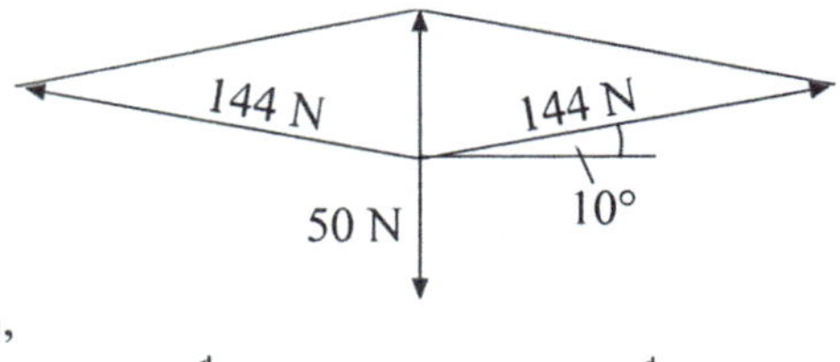

39. Die wahre Geschwindigkeit beträgt ca. 30 km/h,
der wahre Kurs beträgt ca. 26° Nord.
Zeichnerisch: s. rechts
Rechnerisch:
$40^2 = 2x^2$, $x = 28{,}3$

$v_{wahr} = \sqrt{28{,}3^2 - 13{,}3^2} = 31{,}3 \frac{m}{s}$

$\tan\alpha = \frac{13{,}3}{28{,}3}$, $\alpha \approx 25{,}17°$

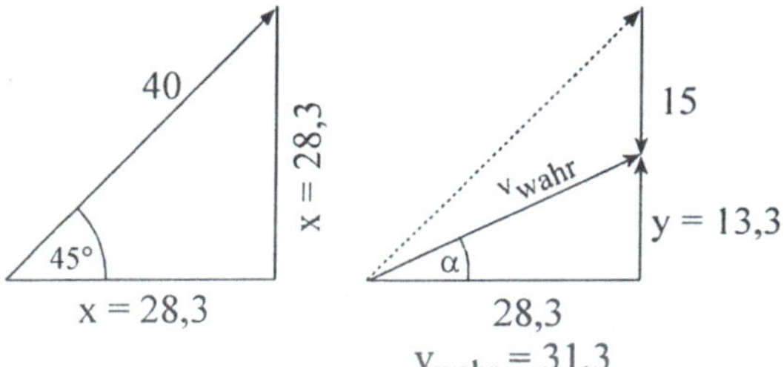

263 40. a) S(4|5), T(4|2) b) S(7|3|2), T(5|0|1) c) S(4|4|1), T(3|5|−2)

41. $\overrightarrow{AT} = \alpha \cdot \overrightarrow{AB}$

a) $\alpha = \frac{3}{7}$, $\left|\overrightarrow{AT}\right| : \left|\overrightarrow{TB}\right| = 3:4$ b) $\alpha = \frac{2}{3}$, $\left|\overrightarrow{AT}\right| : \left|\overrightarrow{TB}\right| = 2:1$

c) $\alpha = \frac{1}{4}$, $\left|\overrightarrow{AT}\right| : \left|\overrightarrow{TB}\right| = 1:3$ d) $\alpha = \frac{4}{5}$, $\left|\overrightarrow{AT}\right| : \left|\overrightarrow{TB}\right| = 4:1$

264 42. (1) $\overrightarrow{AD} + \overrightarrow{DS} + \overrightarrow{SA} = \vec{0}$

(2) $\begin{cases} \overrightarrow{AD} = \vec{a} \\ \overrightarrow{AB} = \vec{b} \\ \overrightarrow{DS} = \alpha \cdot \overrightarrow{DB} = \alpha \cdot (\vec{b} - \vec{a}) = -\alpha \cdot \vec{a} + \alpha \cdot \vec{b} \\ \overrightarrow{SA} = -\beta \cdot \overrightarrow{AC} = -\beta \cdot (\vec{a} + \frac{1}{2}\vec{b}) = -\beta\vec{a} - \frac{1}{2}\beta\vec{b} \end{cases}$

(3) $(1 - \alpha - \beta) \cdot \vec{a} + (\alpha - \frac{1}{2}\beta)\vec{b} = \vec{0}$

$\beta = \frac{2}{3}$, $\alpha = \frac{1}{3}$

$\left|\overline{AS}\right| : \left|\overline{SC}\right| = \beta : (1 - \beta) = 2:1$, $\left|\overline{DS}\right| : \left|\overline{SB}\right| = \alpha : (1 - \alpha) = 1:2$

43. (1) $\overrightarrow{AD} + \overrightarrow{DE} + \overrightarrow{ES} + \overrightarrow{SA} = \vec{0}$

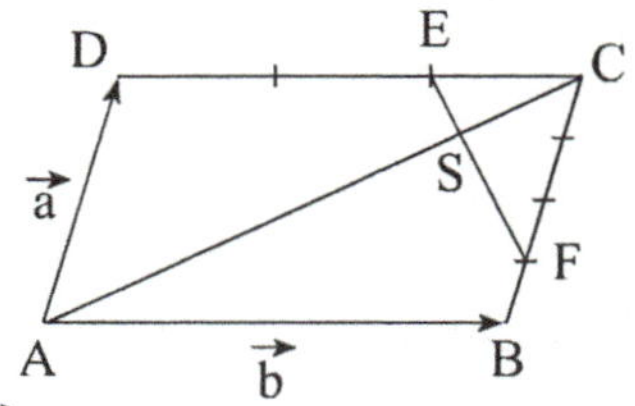

(2) $\begin{cases} \overrightarrow{AD} = \vec{a} \\ \overrightarrow{AB} = \vec{b} \\ \overrightarrow{DE} = \frac{2}{3}\vec{b} \\ \overrightarrow{ES} = \alpha \cdot \overrightarrow{EF} = \alpha \cdot (-\frac{2}{3}\vec{b} - \vec{a} + \vec{b} + \frac{1}{4}\vec{a}) = -\frac{3}{4}\alpha\vec{a} + \frac{1}{3}\alpha\vec{b} \\ \overrightarrow{SA} = -\beta \cdot \overrightarrow{AC} = -\beta \cdot (\vec{a} + \vec{b}) = -\beta\vec{a} - \beta\vec{b} \end{cases}$

(3) $(1 - \frac{3}{4}\alpha - \beta) \cdot \vec{a} + (\frac{2}{3} + \frac{1}{3}\alpha - \beta) \cdot \vec{b} = \vec{0}$, $\alpha = \frac{4}{13}$, $\beta = \frac{10}{13}$

$\left|\overline{AS}\right| : \left|\overline{SC}\right| = \beta : (1 - \beta) = 10:3$, $\left|\overline{ES}\right| : \left|\overline{SF}\right| = \alpha : (1 - \alpha) = 4:9$

44. (1) $\overrightarrow{AC} + \overrightarrow{CS} + \overrightarrow{SA} = \vec{0}$

$\overrightarrow{AC} + \alpha\overrightarrow{CM} - \beta\overrightarrow{AN} = \vec{0}$

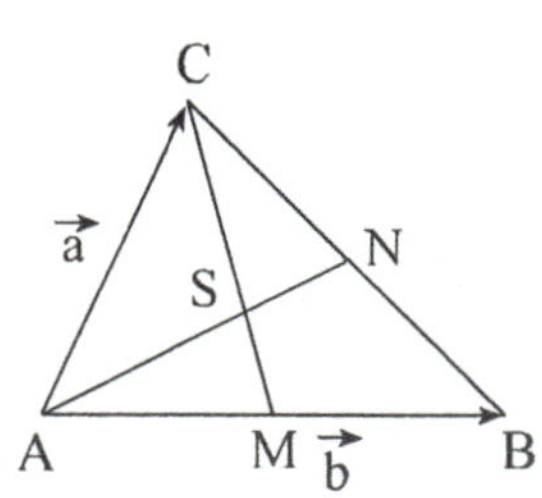

(2) $\begin{cases} \overrightarrow{AC} = \vec{a} \\ \overrightarrow{CM} = \overrightarrow{CA} + \overrightarrow{AM} = -\vec{a} + \frac{1}{2}\vec{b} \\ \overrightarrow{AN} = \overrightarrow{AC} + \overrightarrow{CN} = \overrightarrow{AC} + \frac{1}{2}\overrightarrow{CB} \\ \quad = \vec{a} + \frac{1}{2}(\vec{b} - \vec{a}) = \frac{1}{2}\vec{a} + \frac{1}{2}\vec{b} \end{cases}$

(3) $(1-\alpha-\frac{1}{2}\beta)\vec{a}+(\frac{1}{2}\alpha-\frac{1}{2}\beta)\vec{b}=\vec{0}$ (4) $\begin{cases} -\alpha-\frac{1}{2}\beta=-1 \\ \frac{1}{2}\alpha-\frac{1}{2}\beta=0 \end{cases} \Leftrightarrow \alpha=\frac{2}{3}, \beta=\frac{2}{3}$ 264

$\left|\overline{CS}\right|:\left|\overline{SM}\right|=\frac{2}{3}\left|\overline{CM}\right|:\frac{1}{3}\left|\overline{CM}\right|=2:1$, $\left|\overline{AS}\right|:\left|\overline{SN}\right|=\frac{2}{3}\left|\overline{AN}\right|:\frac{1}{3}\left|\overline{AN}\right|=2:1$

Die Seitenhalbierenden teilen sich im Verhältnis 2 : 1.

Für den Schnittpunkt S (Schwerpunkt des Dreiecks) gilt dann:

$$\overrightarrow{OS}=\overrightarrow{OA}+\overrightarrow{AS}=\overrightarrow{OA}+\frac{2}{3}\overrightarrow{AN}=\overrightarrow{OA}+\frac{2}{3}(\overrightarrow{AB}+\frac{1}{2}\overrightarrow{BC})$$
$$=\overrightarrow{OA}+\frac{2}{3}(-\overrightarrow{OA}+\overrightarrow{OB}+\frac{1}{2}(-\overrightarrow{OB}+\overrightarrow{OC}))=\frac{1}{3}(\overrightarrow{OA}+\overrightarrow{OB}+\overrightarrow{OC})$$

45.a) $\overrightarrow{AB}=\begin{pmatrix}4\\4\\-4\end{pmatrix}$, $\overrightarrow{DC}=\begin{pmatrix}2\\2\\-2\end{pmatrix}$ sind parallel 265

b) $\overrightarrow{AB}=\begin{pmatrix}4\\5\\2\end{pmatrix}$, $\overrightarrow{DC}=\begin{pmatrix}4\\5\\2\end{pmatrix}$, $\overrightarrow{BC}=\begin{pmatrix}3\\2\\-3\end{pmatrix}$, $\overrightarrow{AD}=\begin{pmatrix}3\\2\\-3\end{pmatrix}$

gegenüberliegende Seiten sind parallel

c) $\overrightarrow{AB}=\begin{pmatrix}4\\2\\2\end{pmatrix}$, $\overrightarrow{BC}=\begin{pmatrix}2\\2\\4\end{pmatrix}$, D(−1|3|6)

46.a) $|AC|=\sqrt{25+1+1}$, $|BC|=\sqrt{9+9+9}$; gleiche Länge

b) M(2|3|3)

c) Es gilt: $\tan\alpha=\frac{|CM|}{|AM|}=\frac{\sqrt{24}}{\sqrt{3}}=\sqrt{8}$, $\alpha\approx 70{,}5°$

Da das Dreieck gleichschenklig ist, gilt $\alpha=\beta$.
Dann muss $\gamma=39°$ sein.

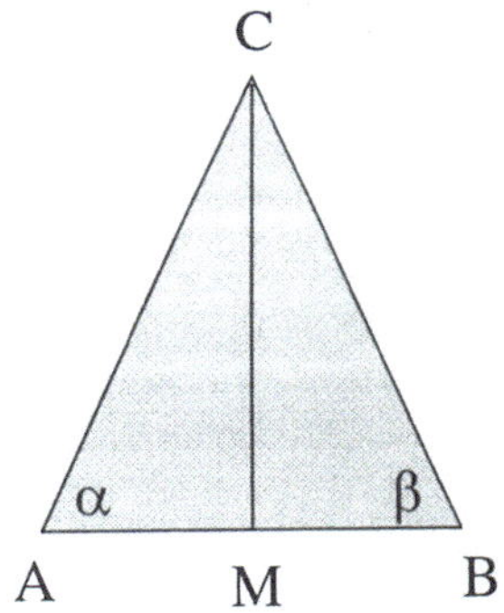

47.a) $|AB|=\sqrt{12}$, $|AC|=6$, $|BC|=\sqrt{24}$

Es gilt: $|AC|^2=|AB|^2+|BC|^2$.

b) Es gilt: $|AB|=\sqrt{12}=|DC|$, $|BC|=\sqrt{54}=|AD|$

d.h. gegenüberliegende Seiten sind gleich lang.

Weiter gilt: $|AC|=\sqrt{66}=|BD|$, d.h. die Diagonalen sind gleich lang.

Test

268 1. a) B(4|8|0), C(0|8|0), D(0|0|0), E(4|0|5), F(4|8|5), H(0|0|5), M(2|4|5)

b) $|\overline{AF}| = \sqrt{64+25} = \sqrt{89} \approx 9{,}43$, $|\overline{DM}| = \sqrt{4+16+25} = \sqrt{45} \approx 6{,}71$

2. a) $\begin{pmatrix}1\\7\end{pmatrix}$ b) $\begin{pmatrix}-2\\2\end{pmatrix}+\begin{pmatrix}-1\\3\end{pmatrix}+\begin{pmatrix}4\\2\end{pmatrix}=\begin{pmatrix}1\\7\end{pmatrix}$

3. $\vec{a}=\begin{pmatrix}2\\-2\end{pmatrix}$, $\vec{b}=\begin{pmatrix}3\\2\end{pmatrix}$, $\vec{c}=\begin{pmatrix}2\\0\end{pmatrix}$, $\vec{d}=\begin{pmatrix}0\\-2\end{pmatrix}$

a) $\begin{pmatrix}2\\-2\end{pmatrix}+\begin{pmatrix}3\\2\end{pmatrix}+\begin{pmatrix}0\\-2\end{pmatrix}=\begin{pmatrix}5\\-2\end{pmatrix}$

b) $\begin{pmatrix}1\\-1\end{pmatrix}-2\left(\begin{pmatrix}3\\2\end{pmatrix}-\begin{pmatrix}0\\-4\end{pmatrix}\right)=\begin{pmatrix}-5\\-13\end{pmatrix}$

c) $\begin{pmatrix}2\\-2\end{pmatrix}+\begin{pmatrix}6\\4\end{pmatrix}-\begin{pmatrix}8\\0\end{pmatrix}+\begin{pmatrix}0\\-2\end{pmatrix}=\begin{pmatrix}0\\0\end{pmatrix}$

4. a) $\begin{pmatrix}6\\-2\\-1\end{pmatrix}=4\begin{pmatrix}3\\1\\2\end{pmatrix}-3\begin{pmatrix}2\\2\\3\end{pmatrix}$

b) Die Vektoren sind nicht komplanar, denn keiner der Vektoren lässt sich durch die beiden anderen darstellen.

5. a) $\overrightarrow{AB}=\begin{pmatrix}-2\\-3\\-6\end{pmatrix}$, $\overrightarrow{AC}=\begin{pmatrix}-4\\3\\-3\end{pmatrix}$, $\overrightarrow{BC}=\begin{pmatrix}-2\\6\\3\end{pmatrix}$

$|\overrightarrow{AB}| = \sqrt{4+9+36} = 7$, $|\overrightarrow{AC}| = \sqrt{34}$, $|\overrightarrow{BC}| = \sqrt{49} = 7$

Das Dreieck ist gleichschenklig aber nicht gleichseitig.

c) $\vec{d} = \vec{c} + \overrightarrow{AB} = \begin{pmatrix}2\\10\\6\end{pmatrix}+\begin{pmatrix}-2\\-3\\-6\end{pmatrix}=\begin{pmatrix}0\\7\\0\end{pmatrix}$

D(0|7|0) (bzw. D(4|13|12) bzw. D(8|1|6))

b)

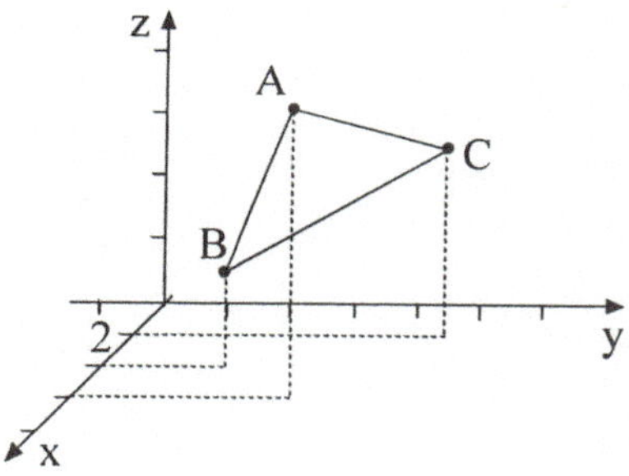

6. Kraft des α-Teams:

$\vec{F}_\alpha = \begin{pmatrix}-2\\2\end{pmatrix}+\begin{pmatrix}-3\\-1\end{pmatrix}=\begin{pmatrix}-5\\1\end{pmatrix}$

Kraft des β-Teams:

$\vec{F}_\beta = \begin{pmatrix}3\\2\end{pmatrix}+\begin{pmatrix}1\\-2\end{pmatrix}=\begin{pmatrix}4\\0\end{pmatrix}$

Gesamtkraft: $\vec{F}_\alpha + \vec{F}_\beta = \begin{pmatrix}-1\\1\end{pmatrix}$

Das α-Team gewinnt, da die Gesamtkraft nach links zeigt, denn ihre erste Koordinate ist -1.

VIII. Exponentialfunktionen
1. Funktionen der Form $f(x) = ca^x$

1. $f(t) = 20 \cdot 1{,}05^t$, $g(t) = 20 \cdot 1{,}04^t$ (in 1000) 271
   Unterschied nach 10 Jahren:
   $f(10) - g(10) = 20(1{,}05^{10} - 1{,}04^{10}) \approx 2{,}973$
   d.h. ca. 2973 Euro
   Unterschied nach 50 Jahren:
   $f(50) - g(50) = 20(1{,}05^{50} - 1{,}04^{50}) \approx 87{,}214$
   d.h. ca. 87214 Euro

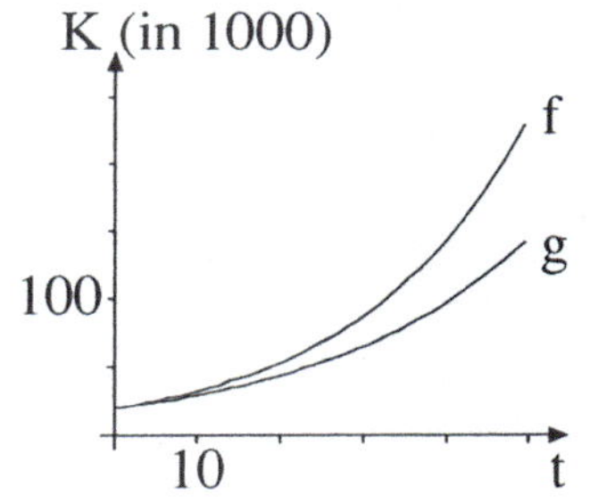

2. $f(t) = 20 \cdot 0{,}84^t$, $g(t) = 24 \cdot 0{,}8^t$ (in 1000)
   Wert nach 10 Jahren:
   $f(10) = 20 \cdot 0{,}84^{10} \approx 3{,}498$, $g(10) = 24 \cdot 0{,}8^{10} \approx 2{,}577$
   d.h. ca 3498 bzw. 2577 Euro
   gleichwertig:
   $20 \cdot 0{,}84^t = 24 \cdot 0{,}8^t$, $\frac{24}{20} = \left(\frac{0{,}84}{0{,}8}\right)^t$, $t \approx 3{,}74$
   d.h. im Laufe des 4. Jahres

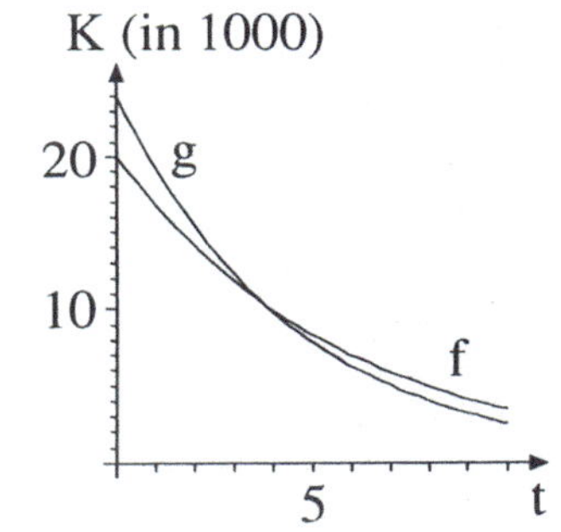

3. a) 6,907 b) 6,610 c) −1,489 272
   d) 2,049 e) 5 f) 0,344

4. a) $f(t) = 100 \cdot 0{,}87^t$
   b) $100 \cdot 0{,}87^t = 1$, $t \approx 33{,}07$, d.h. nach ca. 33 Stunden

5. a) 1.1.2014: ca. 46 Füchse
   b) $30 \cdot 1{,}11^t = 100$, $t \approx 11{,}54$, d.h. im Jahre 2021
   c) $30 \cdot 1{,}11^t = 10$, $t \approx -10{,}53$, d.h. im Jahre 1999
   d) $30 \cdot 1{,}11^3 - 30 \cdot 1{,}11^2 \approx 4{,}07$, d.h. um ca 11 Tiere
   e) $30 \cdot 1{,}11^t = 20 \cdot 1{,}2^t$, $\frac{3}{2} = \left(\frac{1{,}2}{1{,}11}\right)^t$, $t \approx 5{,}20$, d.h. im Jahre 2015

6.

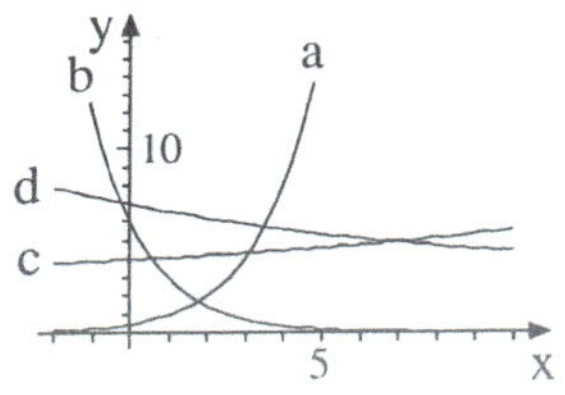

7. a) $\mathbb{R}^+$, $[2;4{,}1472]$ 273
   b) $\mathbb{R}^+$, $[0{,}5;8]$
   c) $(4;\infty)$, $[5;20]$
   d) $(-\infty;6)$, $[5;5{,}9375]$

273 8. a) steigend b) fallend c) fallend d) steigend

9. $I \to C$, $II \to D$, $III \to A$, $IV \to B$

10. I und VI, II und VIII sowie IV und VII

11. a) $f(x) = 25 \cdot 1{,}02^x$ (in Mio), Zusatz: ca. 5474861

b) $f(x) = 100 \cdot 0{,}945^x$, Zusatz: $100 \cdot 0{,}945^x = 50$, $\frac{1}{2} = 0{,}945^x$, $x \approx 12{,}25$

c) $f(x) = 1000 \cdot 1{,}03^x$, Zusatz: $1000(1{,}03^5 - 1{,}03^4) \approx 33{,}77$

12. a)

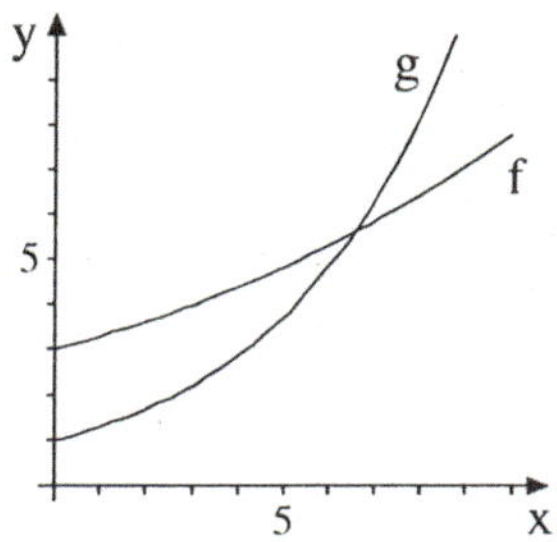

$x \approx 6{,}58$

b)

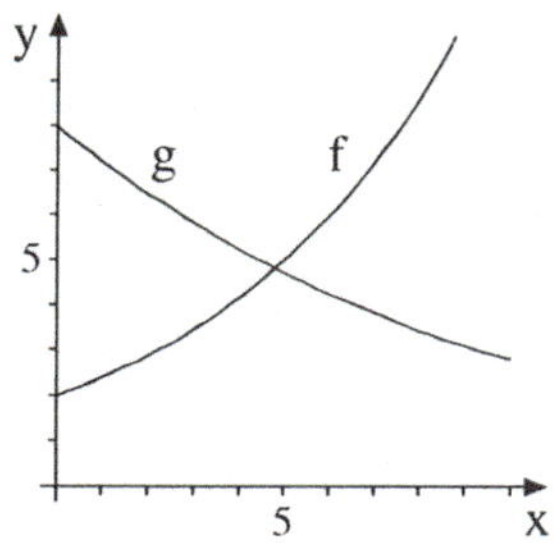

$x \approx 4{,}82$

c)

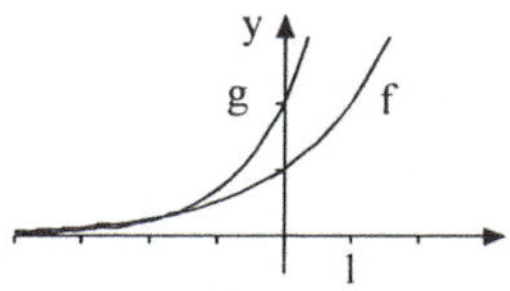

$x \approx -1{,}71$

2. Exkurs: Logarithmen

274 1. $\log 10000 = 4$; $\log 10^6 = 6$; $\log 0{,}001 = -3$; $\log(-2)$ nicht möglich

275 2. a) $10^3 = 1000$, $10^{3,5} \approx 3162$, $10^{3,3} \approx 1995$, $10^{3,305} \approx 2018$, $10^{3,301} \approx 2000$

b) $10^{0,301} \approx 2$ c) $10^{-0,3} \approx 0{,}5$ d) nicht möglich, da $-3 < 0$

3. a) 0,699 b) 1,699 c) −1,301 d) nicht möglich

Druckfehler im Lehrbuch: falsche Nummerierung der folgenden 3 Übungen

276 4. a) $\log 4 + \log 25 = \log 100 = 2$ b) $\log 2500 - 2\log 5 = \log 100 = 2$

c) $4\log 5 + \log 2^4 = 4(\log 5 + \log 2) = 4$

5. $z = \log \frac{u}{v}$, $s = \log u$, $t = \log v$

$$\Rightarrow \quad 10^z = \frac{u}{v} = \frac{10^s}{10^t} = 10^{s-t} \quad \Rightarrow \quad z = s - t \quad \Leftrightarrow \quad \log \frac{u}{v} = \log u - \log v$$

277 6. a) $x = \frac{1}{3}$ b) $x = 2{,}5$ c) $x = 95$

3. Rechnen mit Exponentialfunktionen

1. a) $x = 4$ b) $a = 2$ und $c = 0{,}25$; Schnittpunkt: S(3|2) 279

2. a) $f(6) = 128$, P liegt auf f; $f(4{,}5) = 16$, Q liegt nicht auf f. 280
   b) $f(5{,}5) = 64$, bei $x = 5{,}5$ hat f den Funktionswert 64.
   c) bei $x = 2{,}75$

3. a) $20 \cdot 2^7 = 2560$, $\frac{2560}{182000} \approx 0{,}014 = 1{,}4\%$
   b) $20 \cdot 2^t = 182000$, $t \approx 13{,}15$, d.h. im Laufe des 14. Tages.
   c) $20 \cdot 2^t = 1$, $t \approx -4{,}32$, d.h. vor ca. 4,32 Tagen
   d) $20 \cdot 2^t = 91000$, 12,15 , d.h. 1 Tag vor vollständiger Bedeckung.

4. $800 \cdot a^5 = 927$, $a \approx 1{,}03$, d.h. jährliche Mieterhöhung um 3%.
   Die anderen Intervalle bestätigen dies.

Druckfehler in der Nummerierung

5. a) P liegt auf f, Q liegt nicht auf f. b) P liegt nicht auf f, Q liegt auf f. 281
   c) P liegt nicht auf f, Q liegt auf f. d) P liegt nicht auf f, Q liegt auf f.

6. a) $x = 0{,}5$ b) $x = 3$ c) $x = 2$

7. a) $x = 2$ b) $x = 3$ c) $x = -2$

8. a) $a = \frac{1}{16}$, $c = \frac{1}{4}$ b) $a = 2$, $c = 12$ c) $a = 0{,}5$, $c = 4$

9. a) $f(t) = 200 \cdot 1{,}16^t$, $f(10) \approx 882$
   $g(t) = 400 \cdot 1{,}12^t$, $g(10) \approx 1242$
   b) $200 \cdot 1{,}16^t = 1000$, $t \approx 10{,}84$
   $400 \cdot 1{,}12^t = 1000$, $t \approx 8{,}09$
   c) $200 \cdot 1{,}16^t = 400 \cdot 1{,}12^t$, $t \approx 19{,}75$

10. Tabelle 1: exponentieller Prozess $f(x) = 100 \cdot 1{,}2^x$, $100 \cdot 1{,}2^x = 1000$, $x \approx 12{,}63$
    Tabelle 2: exponentieller Prozess $f(x) = 50 \cdot 1{,}8^x$, $50 \cdot 1{,}8^x = 1000$, $x \approx 5{,}10$
    Tabelle 3: exponentieller Prozess $f(x) = 100 \cdot 1{,}4^x$, $100 \cdot 1{,}4^x = 1000$, $x \approx 6{,}84$

11. a) $N(t) = 20 \cdot 0{,}99^t$ (in 1000)
    b) $N(2) = 20 \cdot 0{,}99^2 \approx 19{,}602$, d.h. eine Abnahme von 398 Tieren.
    c) $20 \cdot 0{,}99^t = 15$, $t \approx 28{,}62$, d.h. nach ca. 29 Jahren.

4. Untersuchung exponentieller Prozesse

282 1. Halbierung: nach ca. 17 Minuten
Viertelung: nach weiteren 17 (also 34) Minuten

283 2. a) Lettland: $f(t) = 2{,}4 \cdot 0{,}994^t$

Gazastreifen: $g(t) = 1{,}2 \cdot 1{,}035^t$

Gleiche Einwohnerzahl: a. 17,15 Jahre

b) Togo: $1{,}027^t = 2$, $t \approx 26{,}02$ Jahre

Gaza: $1{,}035^t = 2$, $t \approx 20{,}15$ Jahre

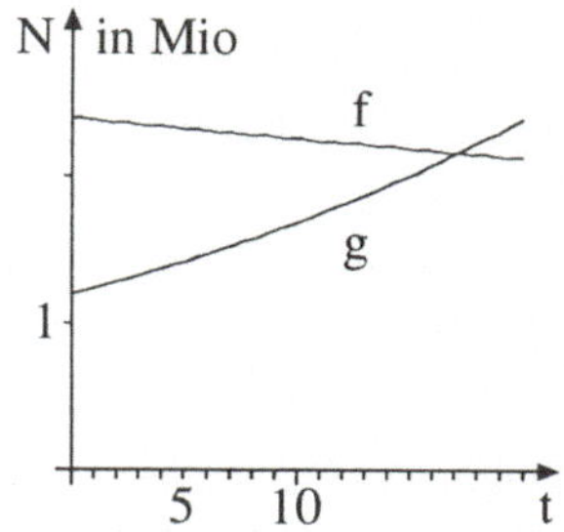

284 3. Der Abnahmeprozess ist exponentiell.

Funktionsgleichung: $K(t) = 200 \cdot 0{,}78^t$

Halbwertszeit: $200 \cdot 0{,}78^t = 100$, $t \approx 2{,}79$ Stunden

Wirkungsfauer: $200 \cdot 0{,}78^t = 30$, $t \approx 7{,}64$ Stunden

285 4. a) Vaters Lohnvorschlag: $L_1(t) = 3 + 2t$, t in Tagen, L_1 in Euro, Lohn bis zum Tag t.
Er bekommt pro Tag 2 Euro, einmalig aber 5 Euro am ersten Tag.
Vorschlag von Hans: $L_2(t) = 0{,}01 \cdot 2^{t-1}$, t in Tagen, L_2 in Euro, Lohn am Tag t.
Er möchte 0,01 Euro für den 1. Tag, Verdoppelung ab dem 2. Tag

b) Lohn nach einer Woche: $L_1(7) = 17$ E, $L_2(1) + \ldots + L_2(7) = 1{,}27$
Lohn nach zwei Wochen: $L_1(14) = 31$ E, $L_2(1) + \ldots + L_2(14) = 163{,}83$

286 5. Ackermann: $W_A(t) = 100000 \cdot 0{,}86^t$

Werthalbierung: $T_{1/2} = \frac{\log 0{,}5}{\log 0{,}86} \approx 4{,}60$ Jahre

Nach ca. 4,6 Jahren hat sich der Wert des Autos halbiert.

Wert unter 1000: $1 = 100 \cdot 0{,}86^t$, $t = \frac{\log 0{,}01}{\log 0{,}86} \approx 30{,}53$ Jahre

Erst nach ca. 30,53 Jahren sinkt der Wert des Autos unter 1000 Euro.

Westerwald: $W_W(t) = 50000 \cdot 0{,}91^t$

gleicher Wert: $100000 \cdot 0{,}86^t = 50000 \cdot 0{,}91^t$, $2 = (\frac{0{,}91}{0{,}86})^t$, $t = \frac{\log 2}{\log(0{,}91/0{,}86)} \approx 12{,}27$

Nach ca. 12,27 Jahren besitzen beide Autos den gleichen Wert.
Ackermann: fiskalischer Restwert < realer Restwert: Probieren: im 6. Jahr (5,88)

6. a) Ansatz: $1500 = 1 \cdot a^6$, $\log a = \log \frac{\log 1500}{6} \approx 0{,}53$, $a = 100{,}53 \approx 3{,}38$ 287

$N(t) = 100 \cdot 3{,}38^t$

b) $1000000 = 100 \cdot 3{,}38^t$, $t = \frac{\log 10000}{\log 3{,}38} \approx 7{,}56$

$1000000000 = 100 \cdot 3{,}38^t$, $t = \frac{\log 10000000}{\log 3{,}38} \approx 13{,}23$

Die Millionengrenze wird nach ca. 7,56 Stunden, die Milliardengrenze wird nach 13,23 Stunden überstiegen.

c) Verdopplungszeit: $T_2 = \frac{\log 2}{\log 3{,}38} \approx 0{,}57$ Stunden, das sind ca. 34 Minuten.

7. a) $p(x) = 1013 \cdot 0{,}88^x$, x Höhe über Meereshöhe in km

b) Zugspitze: $p(3) = 1013 \cdot 0{,}88^3 \approx 690{,}33$ mbar

Mount Everest: $p(8{,}9) = 1013 \cdot 0{,}88^{8{,}9} \approx 324{,}72$ mbar

c) $T_{1/2} = \frac{\log 0{,}5}{\log 0{,}88} \approx 5{,}422$ km

d) Ansatz: $400 = 1013 \cdot 0{,}88^x$, $x = \frac{\log \frac{400}{1013}}{\log 0{,}88} \approx 7{,}2689$

Die maximale Höhe beträgt ca. 7269 m.

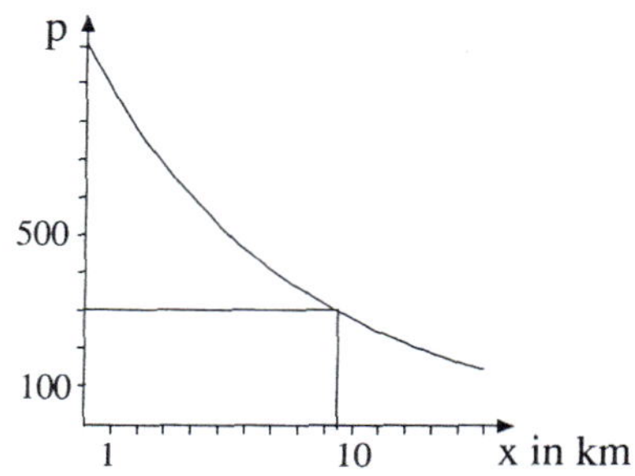

8. $P(t) = c \cdot a^t$, P: Promille, t: Zeit in Stunden

$P(5) = 0{,}7$, $P(6) = 0{,}6$; $a \approx 0{,}86$

$P(5) = 0{,}7$: $0{,}7 = c \cdot 0{,}86^5$, $c = \frac{0{,}7}{0{,}86^5} \approx 1{,}488$

exp. Abnahme: $P(0) = 1{,}488$ Promille zur Unfallzeit

lin. Abnahme: $P(t) = c - 0{,}1t$, $P(5) = 0{,}7$: $0{,}7 = c - 0{,}5$, $c = 1{,}2$ Promille zur Unfallzeit

9. a) $H(x) = 100 \cdot a^x$, H: Helligkeit, x: Tiefe in Meter

$H(16) = 15\,\%$: $15 = 100 \cdot a^{16}$, $\log a = \frac{\log 0{,}15}{16} \approx -0{,}05$, $a = 10^{0{,}05} \approx 0{,}89$

Resultat: $H(x) = 100 \cdot 0{,}89^x$

b) Ansatz: $0{,}1 = 100 \cdot 0{,}89^x$, $x = \frac{\log 0{,}001}{\log 0{,}89} \approx 59{,}28$

Der Taucher ist in ca. 60 mTiefe.

10. a) $K(t) = 50 \cdot 0{,}79^{t-1}$ 288

b) Ansatz: $10 = 50 \cdot 0{,}79^{t-1}$

$t - 1 = \frac{\log 0{,}2}{\log 0{,}79} \approx 6{,}83$

Die Wirkung bleibt 6,83 Stunden, nämlich von t = 1 bis t = 7,83.

c) Der zusätzliche Effekt setzt ab t = 5 ein:

$K_1(t) = 50 \cdot 0{,}79^{t-1} + 50 \cdot 0{,}79^{t-5}$

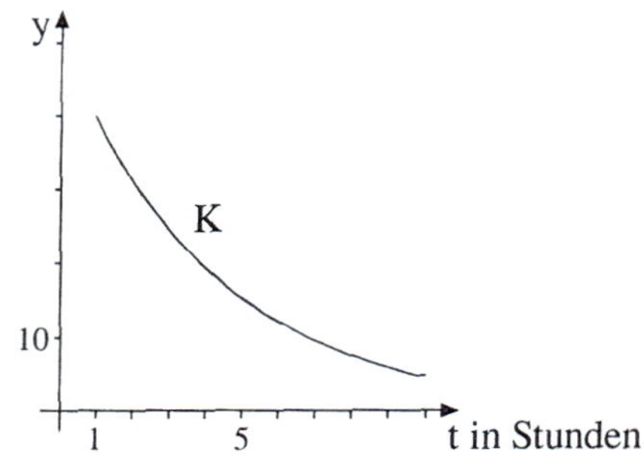

Ansatz: $10 = 50 \cdot 0{,}79^{t-1} + 50 \cdot 0{,}79^{t-5}$, $10 = 0{,}79^t(63{,}29 + 162{,}49)$, $t = \frac{\log \frac{10}{225{,}78}}{\log 0{,}79} \approx 13{,}22$

Die Wirkung bleibt jetz ca. 12,22 Stunden erhalten, von t = 1 bis t = 13,22.

288 11. a)

t	1	2	3	4	5	6	7	8	9	10	11	12
T_E	11,5	13	14,5	16	17,5	19	20,5	22	23,5	25	26,5	28
T_P	11	12,1	13,3	14,64	16,1	17,72	19,49	21,44	23,58	25,94	28,53	31,38

b) Jahrestaschengeld bei T_E: Zeilensumme: 237 Euro
Jahrestaschengeld bei T_P: Zeilensumme: 235 Euro

c) t = 30 ist der letzte Monat in 2,5 Jahren.
$T_E(t) = 10 + 1{,}5t$, $T_E(30) = 55$ Euro
$T_P(t) = 10 \cdot 1{,}1^t$, $T_P(30) = 174{,}49$ Euro

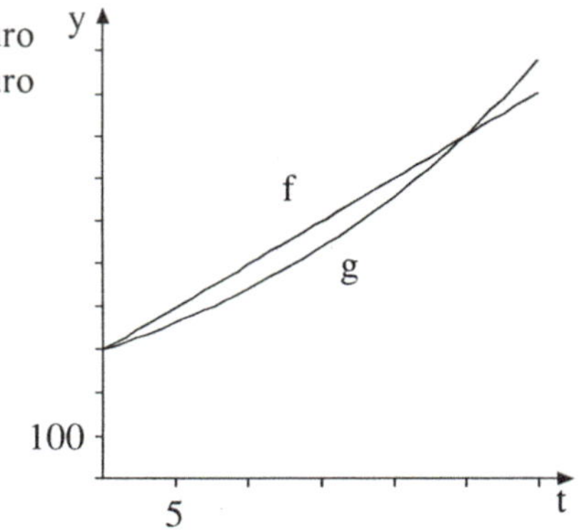

12. a) $f(t) = 300000 + 20000t$, $g(t) = 300000 \cdot 1{,}04^t$

b) $f(20) = 700000$, $g(20) \approx 657337$

c) Durch Probieren: Nach 25 Jahren gilt:
$f(25) = 800000 \approx g(25) \approx 799751$

d) Ansatz: $300000 + a \cdot 30 > 300000 \cdot 1{,}04^{30}$
$a > 22434$
Der jährliche Wertzuwachs müßte mindestens 22434 Euro betragen.

289 13. a) $K(t) = 1200 + 200t$
Kiesgrube nach 5 Wochen: $K(5) = 2200 m^2$ bzw. nach 10 Wochen: $K(10) = 3200\ m^2$

b) $A(t) = 10 \cdot 2^t$
Algengröße nach 5 Wochen: $A(5) = 320\ m^2$ bzw. nach 10 Wochen: $A(10) = 10240\ m^2$
Rechnerischer Wert, Algenfläche kann natürlich nicht größer als die Seefläche sein.
Ansatz: $600 + 100t = 10 \cdot 2^t$, bzw. $60 + 10t - 2^t = 0$
Probieren: Nach ca. 7 Wochen ist der See halb mit Algen bedeckt.

c) Ansatz: $1200 + 200t = 10 \cdot 2^t$, bzw. $120 + 20t - 2^t = 0$, aus a) und b) folgt: $5 < t < 10$
Probieren: $t \approx 8{,}144 \approx 8$ Wochen und ein Tag

14. a) Ansatz: $K(t) = 10 \cdot a^t$ mit $8{,}5 = 10 \cdot a^2$ folgt $\log a = \frac{\log 0{,}85}{2}$, $a \approx 10^{\frac{\log 0{,}85}{2}} \approx 0{,}922$
Resultat: $K(t) = 10 \cdot 0{,}922^t$

b) $T_{1/2} = \frac{\log 0{,}5}{\log 0{,}922} \approx 8{,}54$ Stunden

c) Eine weitere Tablette muss genommen werden, wenn die Konzentration von 10 auf 5 gefallen ist, d.h. sich halbiert hat. Der nächste Einnahmezeitpunkt wäre nach der gleichen Zeit, was wiederum eine Halbierung bedeutet.
Resultat: Die Plasmakonzentration sinkt beim Vergessen einer Einnahme auf 2,5 µg/ml.

15. a) a: Abnahmefaktor (der Nichtkenner)
b: Grenzwert des Wachstums
c: Anfangswertparameter (kennen Gerücht nicht)

b) 9 Uhr: $N(1) \approx 204$ Schüler kennen das Gerücht.
12 Uhr: $N(4) \approx 592$ Schüler kennen das Gerücht.
17 Uhr: $N(9) \approx 866$ Schüler kennen das Gerücht.
$500 = 1000 - 995 \cdot 0{,}8^t$, $995 \cdot 0{,}8^t = 500$, $t = \frac{\log \frac{500}{995}}{\log 0{,}8} \approx 3{,}08$ h

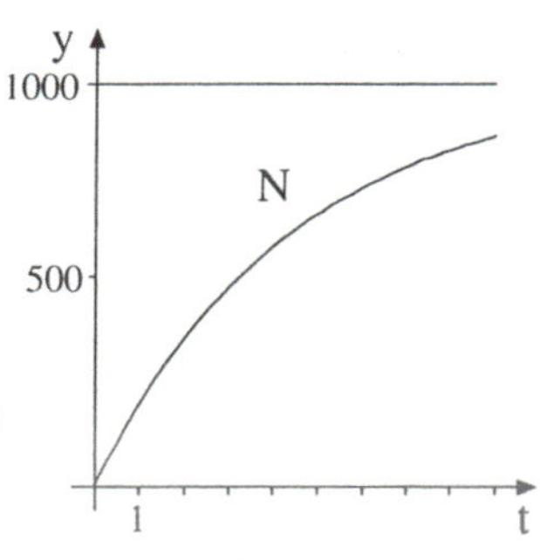

c) 5 Schüler streuten das Gerücht.

d) Bei größerem Abnahmefaktor der Nichtkenner verbreitet sich das Gerücht langsamer: $T_{1/2} = \frac{\log \frac{500}{995}}{\log 0{,}9} \approx 6{,}53$ Stunden

Experimente

1. a) Im Mittel halbiert sich die Anzahl der Münzen, die Zahl zeigen, nach jedem Versuch. 290
   b) Funktion: $N(n) = 100 \cdot a^n$, mit $a \approx 0{,}5$
   c) $N(n) = 60 \cdot a^n$, mit $a \approx 0{,}5$
   d) allgemein: $N(n) = c \cdot a^n$, c ist die Anzahl der zu Beginn des Versuchs vorhandenen Münzen. a beschreibt die Zerfallsrate (Anzahl der Münzen mit Zahl) pro Durchgang.

2. Individuelles Experiment
   Es wird exponentelles Wachstum erwartet.
   Jedenfalls für einen gewissen Zeitraum, schließlich klingt dieser Prozess ab.

3. Es wird ein exponentieller Prozess erwartet: $f(x) = ca^x$. 291
   Hierbei steht c für die Anfangshöhe, also c = 2.
   Die Basis a ist abhängig von der Beschaffenheit des Superballes. Es gilt $0 < a < 1$. Je elastischer der Ball, um so dichter bei 1 liegt die Basis a.
   Im Aufgabenteil g) ist c = 1,7 zu wählen.

4. Auch hier ist ein exponentieller Prozess zu erwarten: $f(x) = ca^x$.
   c steht hier für die Anfangshöhe des Bierschaumes. Die Geschwindigkeit, mit der die Schaumkrone abnimmt, ist abhängig von der Biersorte sowie von der Biertemperatur. Hier gilt es, den Versuch zunächst zu hause auszuprobieren und gegebenenfalls die Ablesezeit dem Schaumzerfall anzupassen, also gegebenenfalls nicht alle 30 sondern alle 10 Sekunden abzulesen.

5. Die Umkehrfunktion zu $f(x) = 10^x$

292 1. a) $x = 10^{-2} = 0{,}01$ b) $x = 10^{10} = 10000000000$
c) $x = 10^{1,5} \approx 31{,}62$ d) $x = 10^{2,5} \approx 316{,}23$

293 2. a) $U = 2\pi r \approx 40000\text{ km} = 4000000000\text{ cm}$, $h = \log 4000000000 \approx 9{,}602\text{ cm}$
b) Nach 2 Umrundungen: $h = \log 8000000000 \approx 9{,}903$
Alternative Rechnung:
$\log 8000000000 = \log(2 \cdot 4000000000) = \log 4000000000 + \log 2 \approx 9{,}602 + 0{,}301\text{ cm}$
c) Nach 10 Umrundungen beträgt die Höhe $\log 40000000000 \approx 10{,}602$ cm.
Nach 11 Umrundungen sind es $\log 44000000000 \approx 10{,}643$ cm.
Der Höhengewinn von der 10. zur 11. Umrundung beträgt also nur 0,41 mm.

3.

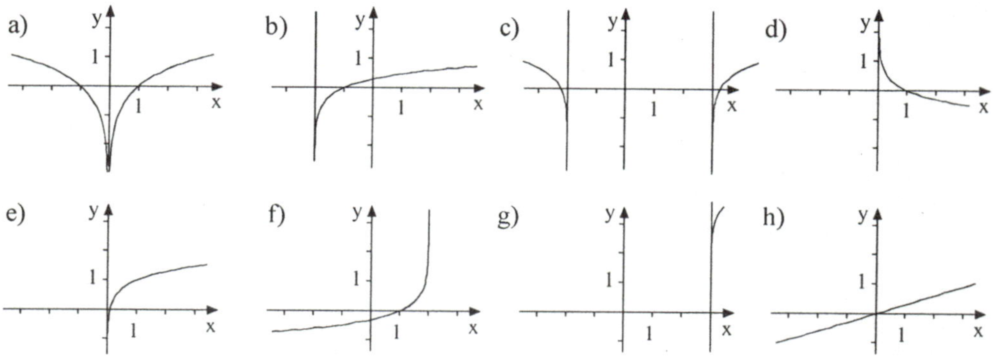

a) Der Graph ist für $x \neq 0$ definiert.
Er ist für $x < 0$ streng monoton fallend und für $x > 0$ streng monoton steigend.
Für $x \to \pm\infty$ strebt der Graph gegen $+\infty$.
Er schmiegt sich an die x-Achse und hat die Nullstellen -1 und 1.

b) Der Graph ist für $x > -2$ definiert. Er ist streng monoton steigend.
Für $x \to \infty$ strebt der Graph gegen $+\infty$.
Er schmiegt sich an die senkrechte Gerade $x = -2$ und hat die Nullstelle -1.

c) Der Graph ist für $x<-2$ und $x > 2$ definiert.
Er ist für $x < -2$ streng monoton fallend und für $x > 2$ streng monoton steigend.
Für $x \to \pm\infty$ strebt der Graph gegen $+\infty$. Er schmiegt sich an die senkrechten Geraden $x = -2$ und $x = 2$ und hat die Nullstellen $-\sqrt{5}$ und $\sqrt{5}$.

d) Der Graph ist für $x > 0$ definiert. Er ist streng monoton fallend.
Für $x \to \infty$ strebt der Graph gegen $-\infty$.
Er schmiegt sich an die y-Achse und hat die Nullstelle 1.

e) Der Graph ist für $x > 0$ definiert. Er ist streng monoton steigend.
Für $x \to \infty$ strebt der Graph gegen $+\infty$.
Er schmiegt sich an die y-Achse und hat die Nullstellen 0,1.

f) Der Graph ist für $x < 2$ definiert. Er ist streng monoton steigend.
Für $x \to \infty$ strebt der Graph gegen $+\infty$.
Er schmiegt sich an die senkrechte Gerade $x = 2$ und hat die Nullstelle 1.

3. g) Der Graph ist für $x > 3$ definiert. Er ist streng monoton steigend. 293
Für $x \to \infty$ strebt der Graph gegen $+\infty$.
Er schmiegt sich an die senkrechte Gerade $x = 3$ und hat die Nullstellen 3,0001.
h) Wegen $\log(2^x) = x \cdot \log 2$ handelt es sich um die Ursprungsgerade mit $m = \log 2$.
Also streng monoton steigend, für alle x definiert, Nullstelle 0.

4. a) $y = 21 + 74 \cdot 10^{-0{,}04t}$ Variablentausch
$t = 21 + 74 \cdot 10^{-0{,}04y}$ nach y auflösen, 1. Schritt
$\frac{t-21}{74} = 10^{-0{,}04y}$ Logarithmieren
$\log \frac{t-21}{74} = -0{,}04y$ nach y auflösen, 2. Schritt
$y = -25 \cdot \log \frac{t-21}{74}$ Resultat: $T^{-1}(t) = -25 \cdot \log \frac{t-21}{74}$

b)

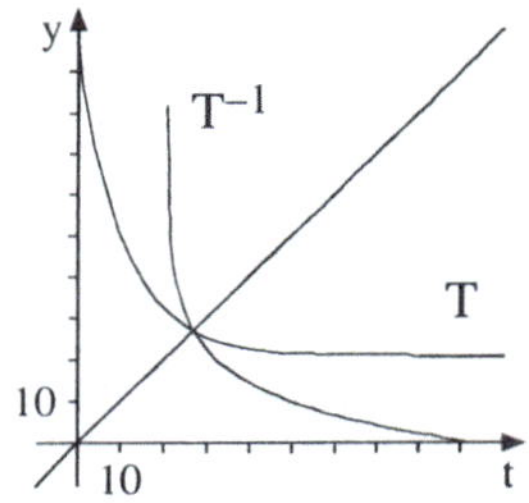

c) $65 = 21 + 74 \cdot 10^{-0{,}04t}$ $t = \frac{\log \frac{44}{74}}{-0{,}04} \approx 5{,}64$ Minuten

5. $y = 2 \cdot 0{,}95^n$ Variablentausch
$n = 2 \cdot 0{,}95^y$:2
$0{,}5n = 0{,}95^y$ Logarithmieren
$\log(0{,}5n) = y \cdot \log 0{,}95$ nach n auflösen
$y = \frac{\log(0{,}5n)}{\log 0{,}95}$ Resultat: $h^{-1}(n) = \frac{\log(0{,}5n)}{\log 0{,}95}$ ist die Umkehrfunktion von h.
Höhe 10 cm:
Ansatz: $0{,}1 = 2 \cdot 0{,}95^n$ $n = \frac{\log 0{,}05}{\log 0{,}95} \approx 58{,}40$
Der 59. Sprung unterschreitet die 10 cm–Marke.

Streifzug: 294
a) beide Achsen
b) y-Achse
c) beide Achsen
d) y-Achse
e) y-Achse
f) beide Achsen
g) beide Achsen
h) y-Achse

Test

296 1. a) Quotientenbildung:

$\frac{1,260}{1,2} = 1,05$, $\frac{1,323}{1,260} = 1,05$, $\frac{1,389}{1,323} \approx 1,05$, $\frac{1,459}{1,389} \approx 1,05$, $\frac{1,532}{1,459} \approx 1,05$

$w(t) = 1,2 \cdot 1,05^x$

b) $w(10) = 1,2 \cdot 1,05^{10} \approx 1,955$

c) $6 = 1,2 \cdot 1,05^x$, $x = \frac{\log 5}{\log 1,05} \approx 33$ Jahre dauert es.

d) $T_2 = \frac{\log 2}{\log 1,05} \approx 14,21$ Jahre ist beträgt die Verdoppelungszeit.

e) $w(t) = 1,1999 \cdot 1,05007^t$

2. a) Wegen P gilt: $c = 4$. Q(2|9): $9 = 4 \cdot a^2$, $a = 1,5$

b) Punktprobe A: $13,5 = 4 \cdot (\frac{3}{2})^3 = 13,5$ stimmt, A liegt auf f.

Punktprobe B: $40 = 4 \cdot (\frac{3}{2})^6 = 45,5625$ stimmt nicht, B liegt nicht auf f.

3. a) 50 ist der Anfangswert, d.h. zum Zeitpunkt $t = 0$ waren 50 mg im Körper.
0,8 ist der Zerfallsfaktor, d.h. mit diesem Faktor verringert sich stündlich die im Körper verbliebene Medikamentenmenge.

b) Pro Stunde werden 20 % des noch vorhandenen Wirkstoffes abgebaut.

c) Ansatz: $10 = 50 \cdot 0,8^t$, $t = \frac{\log 0,2}{\log 0,8} \approx 7,21$

Nach ca. 7,21 Stunden wird die 10 mg–Marke unterschritten.

4. a) $x = \frac{\log 20}{\log 2} \approx 4,322$

b) Der Term links ist streng monoton fallend von ∞ gegen 0 für $x \to \infty$.
Der Term rechts dagegen ist streng monoton steigend von $-\infty$ gegen ∞ für $x \to \infty$.
Also müssen sie sich genau einmal kreuzen.

c) 2 Lösungen: $x \approx -1,245$, $x \approx 1,789$